产 品 设 计 基 础 课

产品设计材料及工艺

梁惠萍 主编

化学工业出版社
·北京·

内容简介

本书介绍了产品必备物质形式基础的材料，包括产品设计常用的金属、塑料、陶瓷、玻璃、木材以及复合材料和新型材料几大类，针对每种材料的阐述内容包括基本定义、物理和化学特性、分类、用途、加工工艺、表面处理技术等方面。重点突出材料特性和成型工艺两方面，引用实用技术参数和相关标准，给读者提供设计选材的参考知识，通过材料运用提高解决设计问题的能力。

本书可作为产品设计、工业设计等相关专业的教材，也可供设计爱好者自学使用。

随书附赠资源，请访问 https://www.cip.com.cn/Service/Download 下载。

在如右图所示位置，输入“42770”点击“搜索资源”即可进入下载页面。

图书在版编目（CIP）数据

产品设计材料及工艺 / 梁惠萍主编. —北京：化学工业出版社，2023.2
（产品设计基础课）
ISBN 978-7-122-42770-0

Ⅰ. ①产… Ⅱ. ①梁… Ⅲ. ①产品设计 Ⅳ. ① TB472

中国国家版本馆 CIP 数据核字（2023）第 016193 号

责任编辑：陈景薇　吕梦瑶　冯国庆　　　装帧设计：韩　飞
责任校对：边　涛

出版发行：化学工业出版社（北京市东城区青年湖南街13号　邮政编码100011）
印　　装：河北京平诚乾印刷有限公司
787mm×1092mm　1/16　印张10½　字数207千字　2023年5月北京第1版第1次印刷

购书咨询：010-64518888　　　售后服务：010-64518899
网　　址：http://www.cip.com.cn
凡购买本书，如有缺损质量问题，本社销售中心负责调换。

定　　价：68.00元

/ 前言

产品设计教育的最终目标是培养高素质的设计师，以适应市场的需求和发展。美国著名的设计大师罗曼·罗维有一句名言：“当我能够把美学的感觉与我的工程技术基础结合起来的时候，一个不平凡的时刻必将到来。”而在产品设计教育过程中只有把学生的艺术造型素质教育与工程技术素质教育有机地结合起来，才能培养出真正适应市场发展需求的高素质产品设计人才。

产品设计的实践性决定了其设计的可行性离不开分析、研究和解决材料、加工以及表面处理等问题。“产品设计材料及工艺”是产品设计专业的一门重要的专业基础课，本教材结合专业特点，融合设计材料及加工工艺的相关内容，重视通过实例说明知识点的运用，让读者通过学习能够掌握必要的设计材料及工艺基础知识，从而在设计过程中建立设计的思维和实践方法。

本教材从产品必备物质形式基础的材料进行介绍，包括产品设计常用的金属、塑料、陶瓷、玻璃、木材以及复合材料和新型材料几大类，每种材料阐述的内容包括基本定义、物理和化学特性、分类、用途、加工工艺、表面处理技术等方面。突出材料特性和成型工艺这两方面重点部分，引用实用技术参数和相关标准，为读者提供设计选材的参考知识，通过材料运用，提高解决设计问题的能力。从基础的概念出发，配合实例图片，介绍了日常生活和生产中常见产品的材料种类、特性及使用范围；结合各种加工和成型工艺，针对不同材料分析在设计中需要注意的材料工艺相关要点，使读者能更深刻地体会材料工艺对于产品设计创新的重要意义。

本书由桂林电子科技大学艺术与设计学院的梁惠萍老师主编，由梁璟老师参与编写第4～6章。同时，在编写过程中桂林电子科技大学艺术与设计学院的刘颖平、严若瑾、陈亚君、陶瑞、陈佳婧几位研究生也参与了本书的图片整理工作，在此表示衷心的感谢。

限于编者水平，本书在内容和编排上难免有缺点及不足，恳请本书的读者，特别是产品设计专业的学者和使用本书的学生对本书内容多提宝贵的意见与建议，以便进一步完善，使本书更具有实用价值。

编者

/ 目录

第 1 章 / 产品设计材料与工艺概述 / 001

1.1 设计——科技与艺术的融合 / 002
1.2 产品设计与材料工艺 / 003
1.3 设计材料的感觉特性 / 006
1.4 产品设计材料选材原则 / 007

第 2 章 / 金属材料及其加工工艺 / 009

2.1 金属材料概述 / 010
2.2 金属材料的性能 / 010
2.3 产品设计中常用的金属材料 / 013
2.4 金属加工成形工艺 / 022
2.5 产品设计中金属材料及工艺实践案例解析 / 035

第 3 章 / 塑料及其成型工艺 / 039

3.1 塑料概述 / 040
3.2 塑料的分类 / 040
3.3 塑料的组成 / 043
3.4 塑料的性能 / 044

3.5 产品设计中常用的塑料 / 048
3.6 塑料的成型工艺 / 055
3.7 产品设计中常用塑料产品实例分析 / 074

第 4 章 / 无机非金属材料及其加工工艺 / 083

4.1 陶瓷 / 084
4.2 玻璃 / 098

第 5 章 / 木材及其加工工艺 / 111

5.1 木材概述 / 112
5.2 木材的加工 / 113
5.3 常用木材 / 117
5.4 木材在产品设计中的应用 / 119

第 6 章 / 其他新型材料及用途 / 123

6.1 复合材料 / 124
6.2 蓄光型发光材料 / 127
6.3 抗菌材料 / 129
6.4 智能材料 / 131
6.5 纳米材料 / 133
6.6 其他新型材料 / 135

第 7 章 / 产品表面装饰工艺 / 137

7.1 产品表面装饰概述 / 138
7.2 产品常用表面装饰工艺 / 140
7.3 设计中产品表面装饰工艺实例分析 / 156

参考文献 / 161

第1章
/ 产品设计材料与工艺概述

/ 知识体系图

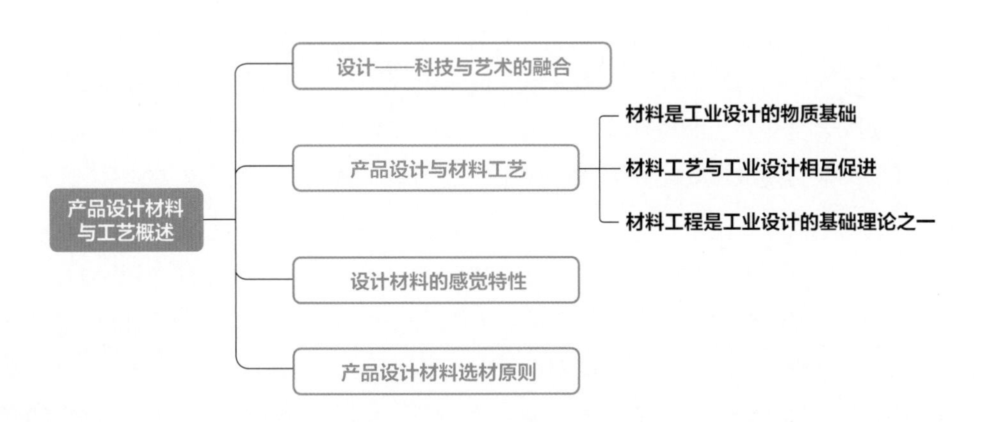

/ 学习目标

知识目标

1. 掌握材料、材料与人、材料与设计及其相互之间的关系。
2. 掌握设计材料的感觉特性分类。

技能目标

1. 能够运用工业设计与材料之间的关系合理分析产品设计创新性。
2. 能够运用材料选材原则进行产品设计分析。

/ 引例

材料创新设计——产品创新的重要法宝

广义地说，材料是指人们思想意识及其所有物质；具体地说，材料是构成设计对象的所有组成物质；狭义地说，材料是指可以直接制造成品的物质或原料，也可以称为尚未定型的物质。材料是人类生产各种所需产品和生活中不可缺少的物质基础。人类改造世界的创造性活动是通过利用材料来创造各种产品得以实现的。材料对人类的生存和发展产生了深刻影响，人类文明进化的时代就是以材料的产生和使用来划分的。历史学家曾按材料的使用情况将人类社会的发展分成旧石器时代、新石器时代、青铜时代和铁器时代（包括钢时代）。可以说整个人类史就是一部材料史，一部材料史就是人类的文明史、设计史。

/ 1.1 / 设计——科技与艺术的融合

工业设计的基础是科学技术，离开科学技术就谈不上工业设计。科学技术每一次跃进、每一项成果，都为工业设计丰富了内容，提供了新手段，开拓了新领域。而工业设计则为科学技术转换成现实生产力架起桥梁，成为科学技术这个第一生产力中重要的一个主力。

设计力就是生产力，更是竞争力。日本在第二次世界大战后经过几十年努力，一跃成为世界经济大国，其重要的战略就是“设计开路，科技立国”。可以说设计已成为科技和经济发展的一种标志，成为关乎国家经济兴衰的大事。

科学技术要转换为商品，第一步要靠设计，设计是科技进步的第一步，也是关键的一步。据资料分析，在产品开发中，纯粹的设计工作量占整个产品开发的 10% ~ 20%。而这个 10% ~ 20% 却决定着产品开发的 80% ~ 90% 成败的命运。从产品开发的程序看，设计是产品开发的第一步，却是关键的一步。早在 1965 年，周恩来总理在听取“产品设计革命化会议”汇报时就曾指出：设计是“生产技术中的第一道工序”。这个第一道工序在生产技术中具有第一重要的作用，如果在设计中采用先进技术，推广科技成果，就能大大提高生产技术水平；反之则降低水平。日本善于综合各种先进技术，重视将其应用于产品设计中，从而大大提高产品设计的水平。工业设计就是以高新技术为基础，通过精心设计，推动科技转变为生产力，不断提高商品竞争力的。现在，先从消费需求出发进行设计，再通过技术去实现商品化，从而推动和激励科技的进步。由此可见，工业设计已成为科技进步的龙头。日本 GK 公司总裁荣久庵宪司说：“好的工业设计就是把人的梦想通过批量生产的方式变为现实”。工业设计通过“梦的实现”，推动科学技术发展，从这个意义上说，工业设计正设计着人的更加完善的生活方式，引导着消费新潮。

工业设计是以科学与艺术相结合为理论基础的。设计构思不仅要从一定的技术和经济要求出发，而且要充分调动设计师的审美经验和艺术灵感，从产品与人的感受和活动的谐调中确定产品功能结构与形式的统一。也就是说，产品设计必须把满足物质功能需要的实用性与满足精神功能需要的审美性完美地结合起来，并考虑其社会效益，这就构成了本学科科学与艺术相结合的双重性特征。从整个社会系统结构来说，科学以技术为中介作用于社会生产，而艺术则以情感作用于人们的观念，从而间接地影响着社会生产，两者是相通的。好比一棵文化树上结出的两颗硕果，荣枯相依，兴衰与共。从历史发展的事实来看，在同一历史时代，科学技术发达的地方，艺术上往往人才辈出，成果令人瞩目。在同一民族的历史上，艺术成就辉煌的时代，也是科学技术发展的黄金时代，这种宏观系统上的相关性必然包含着相应的微观机制。事实上，在人们日常生活中时时处处都体现着科学与艺术相结合的问题，正是这种结合才不断地美化着人们的生活环境，创造着新的生活方式，改变着人们的审美意识，促进着人类文明的进展，并使传统方式得以革新。

/ 1.2 / 产品设计与材料工艺

材料是人类社会的物质基础，一切机器、建筑、交通工具、生活用品等无不是由材料制成的。工业设计就是要根据对产品的功能和外观的需求，选择合适的材料，设计它们的结构与形式，确定它们的组合方式等。因此，在工业设计活动中必须考虑材料的性质与特点。工业设计与材料和工艺的关系主要有以下三个方面。

1.2.1 材料是工业设计的物质基础

由于产品都是由各种材料组合而成的，任何一个产品的工业设计必须建立在可选用材料的基础之上，因此设计师在提出设计的美学概念时，必须同时考虑如何去实现这样的概念，现有材料是否能够通过一定的制作工艺达到设计的要求。比如设计一个手机的外壳，设计师想设计成由红、黄、蓝三种色块拼成的图案。这时要考虑的问题不仅是颜色，还要考虑外壳在使用中的磨损与锈蚀、外壳需要的强度、外壳的轻量化以及制造工艺上是否可行等一系列问题，是否有合适的材料满足这些要求。如果选择在表面涂上颜色，很简单，但可能满足不了长期使用的耐磨损要求。如果选择彩色塑料，其强度与抗老化性能可能不佳。如果选择金属，如何获得三种彩色的拼图比较困难。因此，工业设计的美学概念必须以可适用的材料为前提，材料是工业设计的物质基础。

1.2.2 材料工艺与工业设计相互促进

材料的发展，特别是新材料的出现常常会给工业设计思想带来突破性的发展。埃菲尔铁塔（图 1-1）的设计就是一例，当时人们已对钢铁的高强度等性质有较清楚的认识，钢铁工业也已步入大规模的工业化生产阶段，能够提供充足的、价格合理的各种钢铁型材。设计师充分利用钢铁材料具有极高的强度这一性质，提出在当时是全新的一个设计理念，最终建造出迄今仍是巴黎的地标性建筑的铁塔。

图 1-1　埃菲尔铁塔

另外，新的重要设计思想的提出，对材料的发展提出了新要求，也有力地促进材料研究人员探索和发展新材料。例如，用黄金装饰产品（图 1-2）是设计师和消费者长期的一种喜好，它不仅满足了人们审美的要求，而且黄金的化学稳定性极好，不会锈蚀。但是由于黄金十分昂贵，难以大量地使用。在此推动下，材料研究人员大量地开展了镀金装饰（图 1-3）的研究，发展了一系列的工艺，解决了这个问题。例如：采用化学气相沉积技术（CVD），在产品的表面沉积一层合金，该沉积层的颜色与黄金相仿，且硬度高、耐磨损也较耐蚀，该技术曾大量应用于手表外壳、眼镜框等产品的表面修饰。可以说材料与工业设计这两个领域的发展具有相互促进的关系。

图 1-2　黄金装饰产品

图 1-3　镀金装饰产品

1.2.3 材料工程是工业设计的基础理论之一

材料科学与工程是认识材料的制造与加工工艺、材料的组织结构、材料的性能和使用、材料的环境性能及这些方面之间相互关系的一门学科。

用材料科学与工程理论可以指导新材料的研制、材料的制造与加工以及材料的使用。当设计师进行一个工业产品的设计时，不仅要有美学上的考虑，还要考虑设计的合理性和可行性。这里的合理性和可行性指设计选用的材料除了满足美学的要求之外，是否能够满足特定的使用性能、加工工艺、价格、环境友好等各方面的要求。例如：移动电话的外壳就需要考虑一定的韧性，以免不小心掉到地上会摔裂；电视机外壳要考虑抗电磁干扰的电磁屏蔽性能，以免外界电磁场对其图像造成影响；洗衣机要考虑抗锈蚀的性能，以保证其外壳在潮湿的使用环境下不会生锈。对工业设计而言，需要考虑的性能是多种多样的，如强度、硬度、韧性、耐磨性、耐蚀性、光泽、耐热性、抗电磁辐射等，还需要考虑长期使用过程中上述性能的稳定性。

另外，设计师的设计能否实现还要看是否能通过一定的成型、加工技术完成对材料的加工。因此，设计师还必须对不同材料的成型技术与加工性能有一定的认识。材料的成型技术有很多种，对金属材料产品（图 1-4）而言，有铸造（液态成形，包括砂型铸造、压铸等）、压力加工（塑性成形，包括锻压、轧制、挤压等）、连接（固态成形，包括焊接、铆接、粘接等），并可进行后续的机械加工、热处理、表面涂覆等；对陶瓷材料产品（图 1-5）而言，有注浆成型、可塑法成型、模压成型、等静压成型等，并经烧结过程获得最终成品，陶瓷制备还可进行适当的研磨、抛光等加工；对玻璃而言，成型方法有吹制法、压制法、压延法、浇注法、拉制法、离心法、烧结法、喷吹法、浮法、焊接法等；对塑料材料产品（图 1-6）而言，可采用注射、挤出、压制、压延、缠绕、烧结和吹塑等方法成型，也可采用喷涂、浸渍、黏结等方法将塑料覆盖在金属或非金属基体上，还可像金属那样采用车、铣、刨、磨、刮、锉、钻以及抛光等方法进行机械加工。需要指出的是，材料的性能取决于材料内部的微观组织与结构，而材料内部的微观组织

图 1-4 金属材料产品

与结构又取决于材料的化学组成和材料的制备与成型加工工艺。关于这三者的规律及其相互之间的关系是材料科学与工程理论的核心内容。显然，它是进行工业设计时必须掌握的基础理论知识。

图 1-5 陶瓷材料产品

图 1-6 塑料材料产品

/ 1.3 / 设计材料的感觉特性

设计是一种复杂的行为，它涉及设计者的感性与理性的判断。与设计的其他方面相比，材料的选择是最基本的，它提供了设计的起点。材料选择适当与否，对产品内在和外观质量影响很大。如果材料选择不当或考虑不周，不仅影响产品的使用功能，还会有损于产品的整体美感。因此，设计师在选择材料时，除必须考虑材料的固有特性外，还必须着眼于材料与人、环境的有机联系。设计材料种类多，量大面广，在设计中如何正确、合理地选用材料是一个实际而又重要的问题。

设计材料的选择应遵循以下原则。

（1）材料的外观

考虑材料的感觉特性，根据产品的造型特点、民族风格、时代特征及区域特征，选择不同质感、不同风格的材料。

（2）材料的固有特性

材料的固有特性应满足产品功能、使用环境、作业条件和环境保护的需要。

（3）材料的工艺性

材料应具有良好的工艺性能，符合造型设计中成型工艺、加工工艺和表面处理的要求，应与加工设备及生产技术相适应。

（4）材料的生产成本及环境因素

在满足设计要求的基础上，尽量降低成本，优先选用资源丰富、价格低廉、有利于生态环境保护的材料。

（5）材料的创新

新材料的出现为产品设计提供更广阔的前提，满足产品设计的要求。

/ 1.4 / 产品设计材料选材原则

影响材料选择的基本因素计中除材料本身的固有特性外，主要有以下几个方面。

（1）功能的选择

无论怎样的产品，都必须首先考虑产品应具有怎样的功能和所期望的使用寿命，这样考虑必定会在选用何种材料更合适方面做出总的指导。

（2）基本结构要求

如何综合考虑设计中对产品的功能、人机工程学和美学方面的要求，解决针对批量生产特点的机械结构、加工工艺难点和由此产生的成本问题，已成为材料选择中的主要问题，其中材料的耐久性应是材料选择中必须最先考虑的。在大多数情况下，这样的考虑比仅考虑美学品质或节约成本而选用可能导致产品在使用过程中过早废弃的劣质材料，显然要有意义得多。

（3）外观

产品的外观在一定程度上受其可见表面的影响，并受材料所能允许的制造结构形式的影响，因此，外观也是材料选择应考虑的一个重要因素。就产品的表面效果来看，材料还影响着表面的自然光泽、反射率与纹理，影响着所能采用的表面装饰材料和方式，影响着装饰的外观效果和在使用期限内的恶化程度与速度。至于造型所采取的制造工艺与手段，如浇铸、模铸、冲压、弯折或切削等也在很大程度上依赖于所采用的材料。

（4）安全性

安全是最基本的因素。材料应按照有关的标准选用，并充分考虑各种可能预见的危险。例如医院的某些电疗设备中与病人接触的部位，其表面应选择绝缘且抗静电的材料；

在设备较暴露的位置若配置普通的平板玻璃，则易于碰撞碎裂而造成人身伤亡；在设备内部若选用易于受潮的塑料轴承，则会因隐匿着腐蚀的危险性造成质量恶化而导致至关重要的控制件失灵。

（5）控制件

控制件对材料的选择也有其特殊的需求。例如，操纵键盘的材料应具有恰当的接触摩擦性和冲击回弹性，以保证可靠操作和手感舒适；用作控制面板的材料应选择反射率较低并易于在其表面形成图样符号或易于贴附图样符号的材料制作，以减少眩光和便于指示控制动作。

（6）抗腐蚀性

抗腐蚀性是材料选择的另一个重要准则，因为它影响着产品的操作、外观、寿命和维护。在直接涉及人身安全的场合，则必须通过材料的选择来防止危险的腐蚀。例如，为了保证维修、测试、操作过程的安全，对设备中必须具备的升降机或其他必须保证生命安全的设备，其材料的选择就应该以保证安全为前提。

（7）市场

产品设计者必须对未来可能使用自己所设计产品的消费者进行调研。如果可能，应尽可能使自己的产品达到或超出消费者所期望的程度。对于材料，要考虑到消费者的态度往往受他所接触的各类产品的影响。有时消费者所期望的材料也许恰恰是设计者并不准备采用的。在有些情况下，消费者对某些产品所选用的材料还受到传统习惯的束缚，在一定的时间内未必会被消费者接受。当然，这并不等于说产品选用的材料就必须永远停滞在传统的选择水平上。随着科学技术水平的发展，新材料、新技术的不断出现势在必行。问题在于当与我们选择新材料替代传统材料时，如何在造型设计上、在广告宣传上设法让消费者能够更快地适应和接受。

/ 思考与习题

1. 试归纳产品、设计、材料三者之间的关系。

2. 你觉得材料的哪些特性对于工业设计来说非常重要？为什么？

3. 搜集视觉质感、触觉质感、自然质感和人为质感的图片各 20 张，并进行比较分析。

第2章
/ 金属材料及其加工工艺

/ 知识体系图

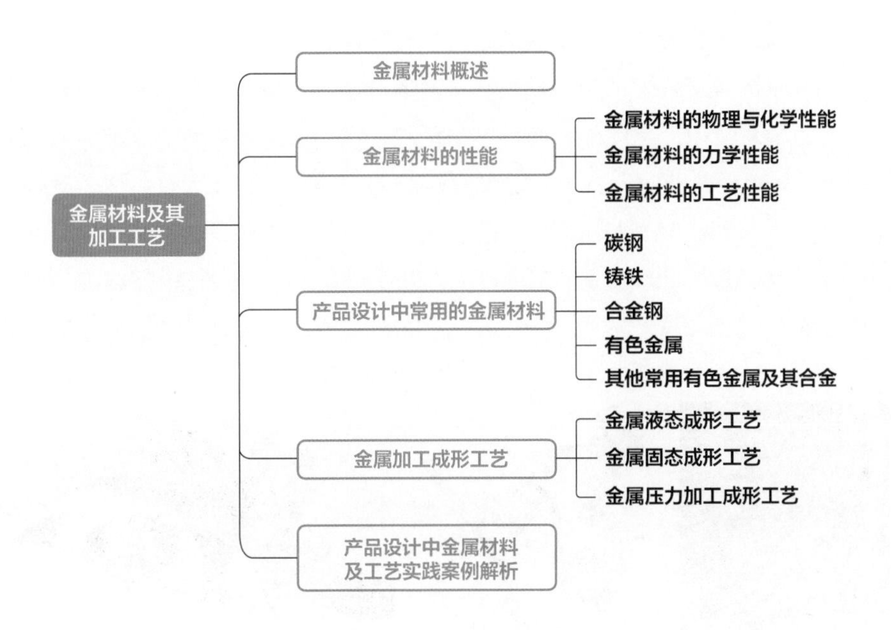

/ 学习目标

知识目标

1. 掌握设计中常用金属材料的性能。

2. 掌握设计中常用金属材料的成形工艺。

技能目标

1. 能够运用金属材质的性能特点进行金属制品的设计应用。

2. 能够对金属产品的成形工艺进行分析运用。

引例

材料之王——金属材料

金属材料是金属及其合金的总称。金属材料以其优异的力学性能、优良的成形工艺、多样化的表面处理工艺和独特的外观质量等综合性能在人类生产和生活中扮演着极其重要的角色。从首饰到家用器具，从工具到机器，从住房到交通工具，金属无处不在，是其他材料所无法替代的。

/ 2.1 / 金属材料概述

金属材料具有其他材料体系不能完全取代的独特的性质和使用性能，例如，金属有比高分子材料高得多的模量，有比陶瓷高得多的韧性，以及具有磁性和导电性等优异的物理性能。金属材料又分为黑色金属材料（钢铁材料）和有色金属材料。钢铁材料不仅具有优良的力学性能和工艺性能，而且价格低廉，常用于制造各种机械零件和工具。有色金属材料（如铝合金、铜合金等）除具有较好的力学性能和工艺性能外，还具有良好的物理、化学性能（如电导性、耐蚀性等），常用于制造某些特殊性能的零件。金属材料（尤其是钢）还可通过热处理或其他工艺方法，进一步提高其力学性能和改善工艺性能。因此，金属材料（尤其是钢）在产品设计中的应用最为广泛。金属材料产品如图 2-1 所示。

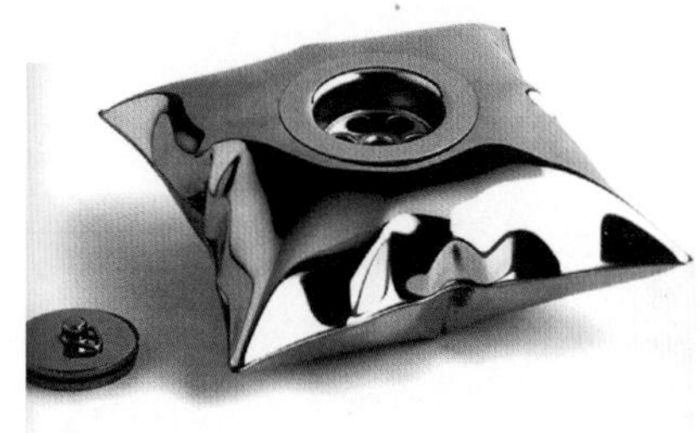

图 2-1　金属材料产品

/ 2.2 / 金属材料的性能

金属材料是机械制造中应用最广泛的工程材料，其性能包含工艺性能和使用性能两个方面：工艺性能是指材料为保证零件的加工质量并能顺利加工所应具备的性能，如铸造性能、锻造性能、焊接性能和切削加工性能等；使用性能是指材料为保证零件正常工作并获得一定工作寿命所应具备的性能，包括物理性能、化学性能和力学性能。由于机械零件或工具在工作时通常都承受一定的载荷，故用作机械零件和工具的材料主要应具有良好的力学性能。力学性能是指材料在载荷作用下所显现的性能，如强度、塑性、硬度、冲击韧性和疲劳抗力等。

2.2.1 金属材料的物理与化学性能

金属材料的物理性能是指在重力、电路场、热力（温度）等物理因素作用下，材料所表现出来的性能或固有属性。金属材料的物理性能主要包括密度、熔点、导电性、导热性、热膨胀性、磁性等（表 2-1）。金属材料的化学性能是指金属在化学作用下表现出的性能，包括耐腐蚀性、抗氧化性和化学稳定性等。

表 2-1 常用金属的物理性能

名称	元素符号	密度 /（kg/m^3）	熔点 /℃	热导率 /[W/（m·K）]	线胀系数 /$℃^{-1}$	电阻率 /（Ω·cm）
铝	Al	2.7×10^3	660	221.9	23.6×10^{-6}	2.655×10^{-6}
镁	Mg	1.74×10^3	650	153.7	24.3×10^{-6}	4.47×10^{-6}
铁	Fe	7.87×10^3	1538	75.4	11.76×10^{-6}	9.7×10^{-6}
铜	Cu	8.96×10^3	1083	393.5	17×10^{-6}	1.67×10^{-6}
银	Ag	10.49×10^3	960.8	418.6	19.7×10^{-6}	1.5×10^{-6}
钨	W	19.3×10^3	3380	166.2	4.6×10^{-6}	5.1×10^{-6}
锡	Sn	7.3×10^3	231.9	62.8	2.3×10^{-6}	11.5×10^{-6}
镍	Ni	4.5×10^3	1453	92.1	13.4×10^{-6}	6.84×10^{-6}
锰	Mn	7.43×10^3	1244	4.98	37×10^{-6}	185×10^{-6}
铬	Cr	7.19×10^3	1903	67	6.2×10^{-6}	12.9×10^{-6}
钛	Ti	4.508×10^3	1677	15.1	8.2×10^{-6}	$(42.1\sim47.8)\times10^{-6}$

2.2.2 金属材料的力学性能

金属材料在加工和使用过程中都要承受不同形式外力的作用，当外力达到或超过某一限度时，材料就会发生变形，以致断裂。材料在外力作用下所表现的一些性能（如强度、刚度、韧性等）称为材料的力学性能。

强度是材料抵抗变形和断裂的能力。它是通过拉伸试验来测定的。拉力试验能测出材料在静载荷（指缓慢增加的载荷）作用下的一系列基本性能指标，如弹性极限、屈服强度、抗拉强度和塑性等。

刚度是材料在受力时抵抗弹性变形的能力。它表示材料弹性变形的难易程度。材料刚度的大小通常用弹性模量 E 来评价。

塑性是指金属材料在载荷作用下断裂前发生不可逆永久变形的能力。评定材料塑性的指标通常是指伸长率和断面收缩率。

硬度是材料抵抗局部变形，特别是塑件变形、压痕或划痕的能力。硬度是材料性能的一个综合物理量，表示金属材料在一个小的体积范围内抵抗弹性变形、塑性变形和断裂的能力。

韧度是指材料抵抗塑性变形而不破裂的能力。

弹性变形是指材料在产生变形后，取消应力，然后恢复到原来形状的能力。

塑性变形是指材料在较低压力条件下容易发生永久性变形的能力。

2.2.3 金属材料的工艺性能

金属材料的工艺性能是指金属材料加工时表现的性能，包括铸造性、锻压性、焊接性及切削加工性等。工艺性能直接影响到零件制造的加工质量，选材时必须考虑金属的工艺性能。

（1）铸造性

铸造性是指金属熔化成液态后，在铸造成形时所具有的一种特性，衡量金属材料铸造性的物理量有：流动性、收缩率和偏析倾向。在金属材料中，灰口铸铁和青铜的铸造性能较好。

（2）锻压性

锻压性是指金属材料在锻造和冲压过程中承受塑性变形的性能。锻压性直接与材料的塑性及塑性变形抗力有关，也与材料的成分和加工条件有很大关系。例如，铜、铝的合金在常温下就具有很好的锻压住；碳素结构钢在加热条件下，锻压性能良好；而青铜、铸铝、铸铁几乎不能锻造。

（3）焊接性

焊接性是指材料在限定的施工条件下焊接成满足设计要求的构件，并满足预定寿命要求的能力。焊接性好的金属能获得没有裂纹、气孔等缺陷的焊缝，并且焊接接头具有一定力学性能。一般导热性好、收缩小的金属材料焊接性都比较好。例如低碳钢具有良好的焊接性，而高碳钢、不锈钢、铸铁的焊接性较差。

（4）切削加工性

金属材料的切削加工性是指金属切削加工的难易程度。切削加工性能好的金属对使用的刀具磨损值小，切削用量大，加工表面也比较光洁。切削加工性好坏与金属材料的硬度、导热性、金属内部结构及加工硬化等因素有关，尤其与硬度关系最大，例如，铸铁、钢合金及一般碳素钢具有较好的切削加工性，而高合金钢的切削加工性不好。

/ 2.3 / 产品设计中常用的金属材料

金属材料的分类如图 2-2 所示。

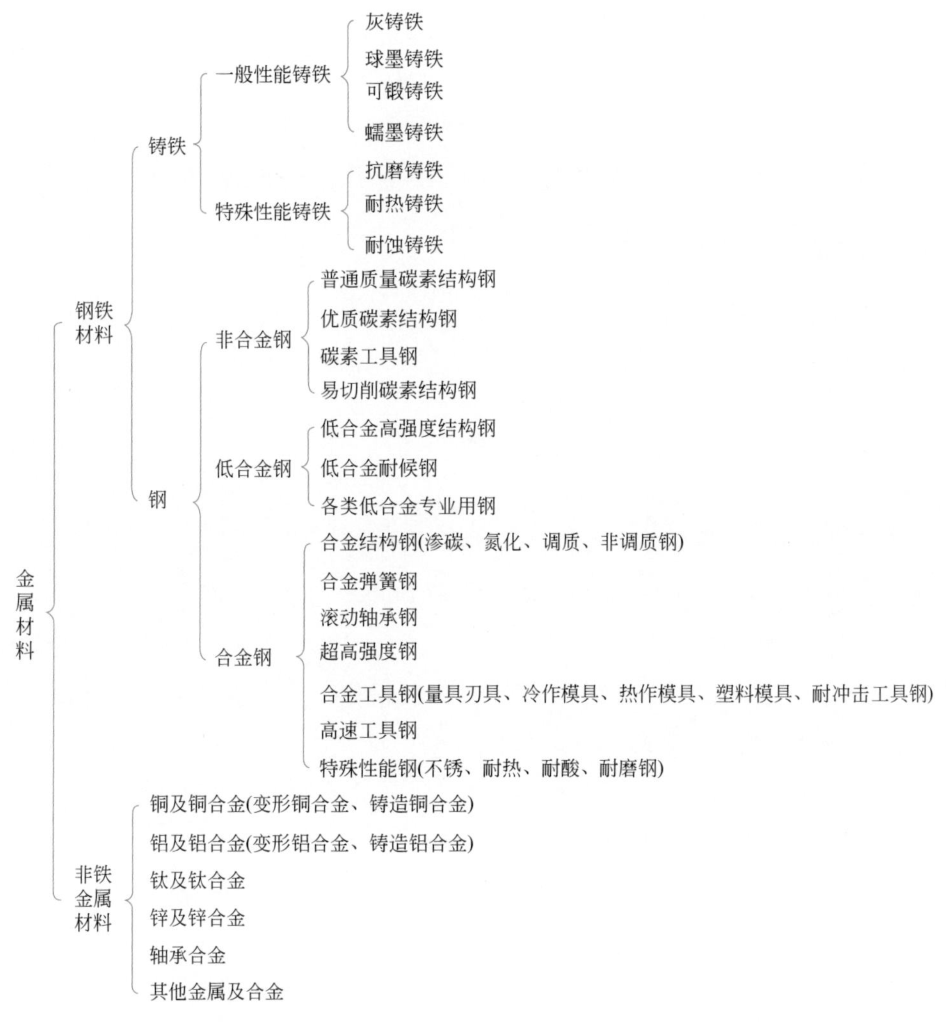

图 2-2　金属材料的分类

2.3.1 碳钢

2.3.1.1 碳钢概述

碳钢是含碳量大于0.02%小于2.06%，并含有少量硅、锰、磷、硫等杂质的铁碳合金。由于碳钢的性能可以满足一般零件和工具的使用要求，且价格低廉，故在工业中应用广泛。

2.3.1.2 碳钢的分类、牌号和用途

碳钢的主要分类方法如下。

（1）按钢的质量分类

根据钢中有害杂质（P、S）的含量，碳钢的分类如下。

① 普通质量钢：钢中P、S含量较高（$w_P < 0.045\%$，$w_S < 0.050\%$）。

② 优质钢：钢中P、S含量较低（$w_P < 0.035\%$，$w_S < 0.035\%$）。

③ 高级优质钢：钢中P、S含量很低（$w_P < 0.030\%$，$w_S < 0.020\%$）。

（2）按钢的化学成分分类

按钢中含碳量的高低，碳钢的分类如下。

① 低碳钢：$w_C < 0.25\%$ 的钢。

② 中碳钢：w_C 为 0.25% ~ 0.6% 的钢。

③ 高碳钢：$w_C > 0.6\%$ 的钢。

（3）按钢的用途分类

按钢材的用途可分为碳素结构钢、优质碳素结构钢、碳素工具钢三大类。

① 碳素结构钢（图2-3）：w_C 少于0.38%，含P、S等杂质较多，强度不高、力学性能较低、焊接性能好，只适用于制造不太重要的零件或构件，但因价格便宜，应用甚广。

② 优质碳素结构钢（图2-4）：这类钢 $w_S \leqslant 0.035\%$，$w_P \leqslant 0.035\%$，均比碳素结构钢低，属于优质钢。依据GB/T 699—2015，优质碳素结构钢的牌号用两位数字表示，即为钢中平均含碳量的万分位数。例如，20号钢表示平均含碳量为0.20%的优质碳素钢。对于沸腾钢则在尾部加上F，如10F、15F等。08、10、15、20、25等牌号属于低碳钢，其塑性好，易于拉拔、冲压、挤压、锻造和焊接。其中，以45号钢最为典型，它不仅强度、硬度较高，且兼有较好的塑性和韧性，即综合性能优良。45号钢在机械结构中用途最广，常用来制造轴、丝杠、齿轮、连杆、套筒、键、重要螺钉和螺母等。

图 2-3 碳素结构钢

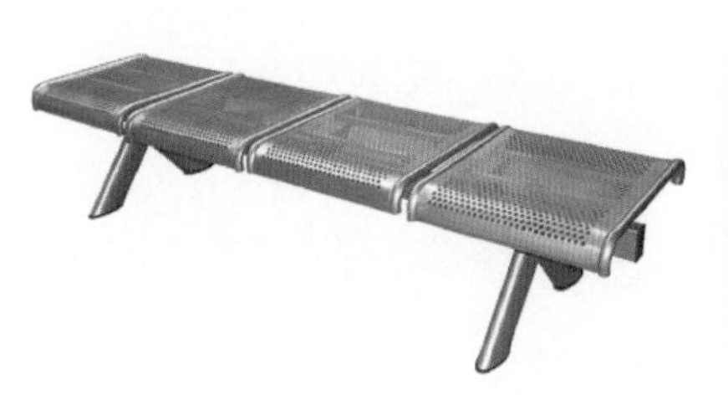

图 2-4 优质碳素结构钢

③ 碳素工具钢（图 2-5）：主要用于制造各种工具，其 w_C 一般在 0.7% 以上。根据工具用途的不同可分为刃具钢、模具钢和量具钢。另外，通常又把一些含有大量特殊合金元素且有高速切削能力的钢分立出来，称为高速钢。

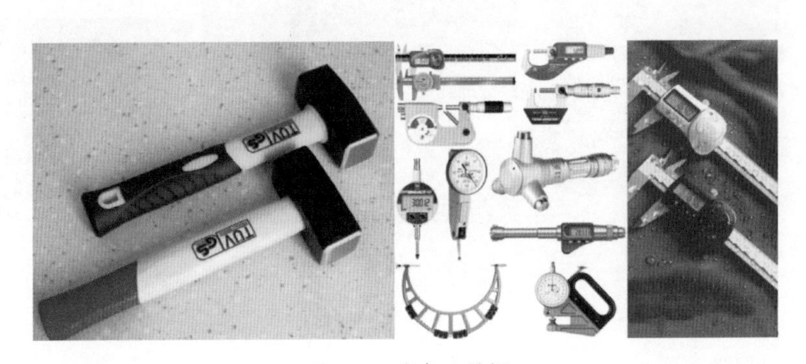

图 2-5 碳素工具钢

此外，根据钢的脱氧方法不同，碳钢还可分为沸腾钢（符号为 F）、半镇静钢（符号为 BZ）和镇静钢（符号为 Z），其中镇静钢的质量较好，沸腾钢的质量相对较差，半镇静钢介于两者之间。

2.3.2 铸铁

铸铁是碳的质量分数 w_C > 2.11% 的铁碳合金。工业用铸铁是以铁、碳、硅、锰为主要组成元素并含有 P、S 等杂质的多元合金。

铸铁与钢相比，具有优良的铸造性、耐磨性、消震性及低缺口敏感性和良好的切削加工性。同时其生产工艺简单，成本低，因此它是机械制造、冶金矿山等广泛应用的金属材料。

碳在铸铁中存在的形式有两种，即游离的石墨和化合态的 Fe_3C。按碳在铸铁中存在的形式和石墨的形态，铸铁主要分为以下四类。

（1）白口铸铁

铸铁中的碳除少量溶入铁素体外，其余全部以渗碳体的形式存在，断口呈白亮色，故称白口铸铁。白口铸铁性能硬而脆，除了作为生产可锻铸铁和炼钢原料外，一般极少用于制造机械零件。

（2）灰口铸铁（图 2-6）

铸铁中的碳全部或大部分以片状石墨形式存在，断口呈暗灰色，故称为灰口铸铁。这类铸铁的强度和韧性较低，但生产工艺简单，成本低，并可通过孕育处理提高其力学性能，因此应用十分广泛。

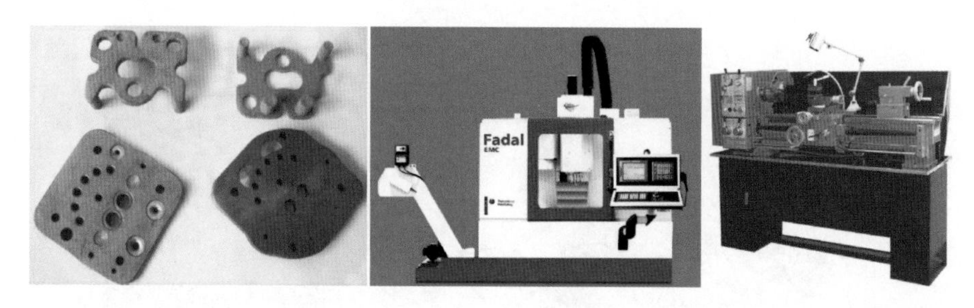

图 2-6 灰口铸铁

（3）可锻铸铁（图 2-7）

铸铁中的碳全部或部分呈团絮状石墨存在，这种铸铁是由一定成分的白口铸铁经石墨退火而获得的。其强度与灰铸铁相近，但韧性和塑性较灰铸铁高，故称可锻铸铁。

图 2-7　可锻铸铁

（4）球墨铸铁（图 2-8）

铸铁中的碳全部或大部分呈球状石墨存在，这种铸铁是由灰铸铁成分的铁水经球化处理和孕育处理而得到的。其强度、塑性和韧性均优于灰铸铁。

图 2-8　球墨铸铁

2.3.3　合金钢

为了提高钢的力学性能，改善钢的工艺性能和得到某些特殊的物理化学性能，除了基本元素铁和碳以外，有意在冶炼过程中加入其他的合金元素所形成的钢称为合金钢。

合金钢种类繁多，为了便于管理、研究和选用，必须对合金钢进行分类和编号。

（1）按化学成分来分类

① 低合金钢——合金元素总含量在 3% 以下。

② 中合金钢——合金元素总含量在 3% ～ 5% 之间。

③ 高合金钢——合金元素总含量在 5.5% 以上。

合金钢还常以所含的合金元素来命名，如含锰的叫锰钢，含硅锰的叫硅锰钢等。

(2) 按用途分类

按钢材的用途可分为合金结构钢、合金工具钢、特殊性能钢三大类。

① 合金结构钢（图 2-9）用作工程结构和各种机器零件。其中机器结构钢包括渗碳钢、调质钢、弹簧钢及滚动轴承钢。

图 2-9　合金结构钢

② 合金工具钢（图 2-10）用于制造各种工具，根据工具用途不同，可分为刃具钢、模具钢与量具钢。

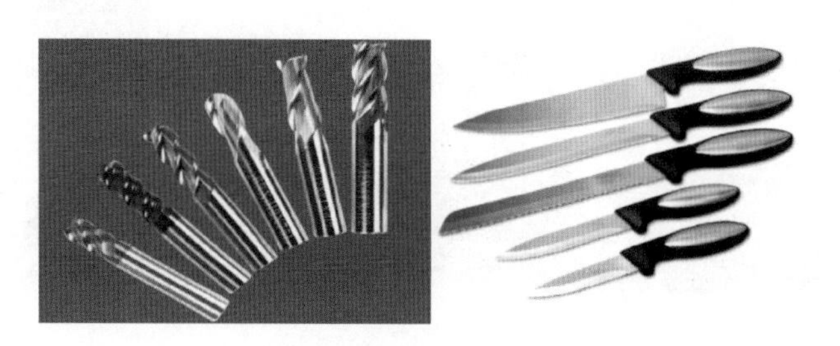

图 2-10　合金工具钢

③ 特殊性能钢（图 2-11）是具有特殊物理、化学性能的钢，可分为不锈钢、耐热钢、耐磨钢、磁钢等。

图 2-11　特殊性能钢

2.3.4 有色金属

除了黑色金属以外，其他金属，如铝、铜、镁、钛、锡等及其合金统称为有色金属。有色金属又可大致分为轻有色金属（相对密度小于 3.5，如铝、镁）、重有色金属（相对密度大于 3.5，如铜、锡）、贵金属（如金、银）和稀有金属（如钨、钼）。有色金属不仅是制造各种优质合金钢及耐热钢所必需的合金元素，还具有钢铁所不具备的独特性能，如质轻、强度高、耐腐蚀、导电性好等，而成为现代工业不可缺少的材料。

（1）铝及铝合金

纯铝呈银白色，有金属光泽，常温下铝的相对密度为 2.72，约为铁的 1/3，常压下熔点为 660℃，导热、导电性能良好，仅次于银、铜。铝的化学活性较高，铝的表面在空气中容易生成致密的氧化膜，隔绝了空气，提高了耐蚀性，但铝不耐酸、碱、盐的腐蚀。铝中的杂质对其耐蚀性有一定影响，主要杂质有铁、硅等。如图 2-12 所示为纯铝制品。

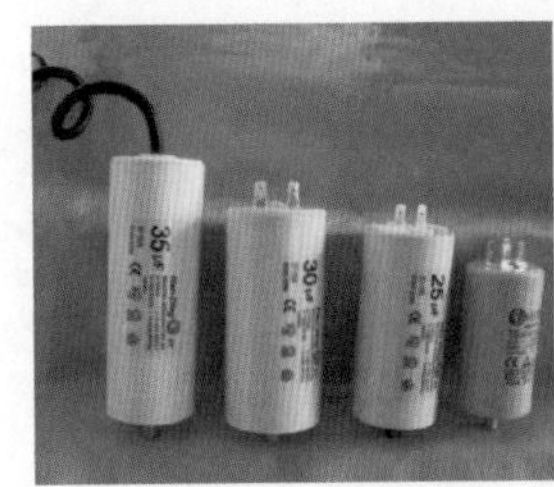

图 2-12 纯铝制品

纯铝具有良好的导电性和导热性，其导电性仅次于银、铜、金，因此可用于制造电线、电缆等各种导电材料和各种散热器等导热元件。

实际产品设计中为了提高纯铝的强度、耐蚀性和工艺性能，将铝与合金元素（硅、铜、镁、锌、锰等）进行合金化，得到铝合金。

铝与硅、铜、锰、镁等合金元素组成的铝合金具有强度高、密度小的特点，而且可通过热处理进一步提高强度，是轻质结构件的重要材料。

变形铝合金塑性好，可通过轧制、挤压、锻造和拉拔等压力加工方法，制成板材、带材、管材、棒材、箱材、型材和锻件等半成品。变形铝合金又分为能热处理强化的硬铝合金（如 Al-Mn、Al-Mn、Al-Si 系合金）和不能热处理强化的防锈铝合金（如 Al-Mg-St、Al-Cu、Al-Zn-Mg 系合金）。铸造铝合金中合金元素含量高，铸造性能好，但塑性差，只能铸造成形。铸造铝合金亦可通过热处理来改善力学性能。铝合金产品如图 2-13 所示。

图 2-13 铝合金产品

（2）铜及铜合金

铜元素在地壳中的储量很少，但铜及其合金是人类历史上使用最早的金属材料之一。出于铜的优良性能及美丽的色泽而被广泛应用。工业应用的铜及其合金主要有纯铜、黄铜、青铜，白铜应用较少。

① 纯铜：纯铜因其表面氧化形成一层氧化亚铜氧化膜后呈紫色，故又称紫铜。纯铜导电性好、导热性好。纯铜具有面心立方晶格，熔点为 1038℃，密度为 8.94g/cm^3，强度低，塑性好，便于进行冷、热锻压加工，可用于制作油管、铆钉、垫圈和各种型材。铜的化学稳定性较好，因而抗蚀性较好，它又有良好的导电、导热和无磁性，广泛用于制作导线、散热器、冷凝器、抗磁性的仪器仪表等。如图 2-14 所示为纯铜内存条。

图 2-14 纯铜内存条

② 铜合金：由于纯铜的强度低，为提高其性能，往往加入适量合金元素制成铜合金。铜合金中常加入的合金元素有 Zn、Sn、Al、Ni、Si、Be、Tl、Fe、Zr、Cr、Mg、S、Pb、Se、Cd、Mn、B、P 等。铜合金按化学成分分为黄铜、青铜和白铜（铜镍合金）。黄铜是以锌为主要合金元素的铜合金，如图 2-15 所示为黄铜管套。按化学成分不同，分为普通黄铜、特殊黄铜两种，主要用于电源插座头、精密医疗器械、灯具装饰材料、铭牌。青铜是除黄铜和白铜以外的铜合金。青铜主要有锡青铜（普通青铜）和铝青铜、铍青铜、硅青铜等特殊青铜两类，常用于制作零件。如图 2-16 所示为青铜人面鼎。

图 2-15 黄铜管套

图 2-16 青铜人面鼎

（3）镁及镁合金

镁常压下熔点为 651℃，密度为 1.748g/cm^3，约为铝的 2/3，是日常应用中最轻的结构金属，比热容和线胀系数较大。其优点是密度很小，比强度高于铝合金；切削加工性良好；耐蚀性好（特别矿物泊和碱类的腐蚀）；疲劳极限高，能承受较大的冲击载荷，因而镁合金广泛用于制造航空工业、汽车工业、军工领域、电子器材、运动器材（如网球拍），如图 2-17 所示为镁合金折叠自行车。由于其导热性、电磁屏蔽性好，所以常用于电子产品的壳、罩，如手提电话和笔记本电脑等，如图 2-18 所示为镁合金外壳的笔记本电脑。

图 2-17 镁合金折叠自行车

图 2-18 镁合金外壳的笔记本电脑

2.3.5 其他常用有色金属及其合金

（1）锌及锌合金

由于稳定性极好，常作为镀层材料，常用于手表背面、水龙头。

（2）钛及钛合金

钛是银白色金属，常压下熔点是1668℃，密度为4.58g/cm³。钛难以冷加工，具有非常高的比强度。典型产品为眼镜框、高尔夫球拍、便携式电脑、照相机、高档行李箱、航空工业（如火箭头）等。

（3）锡合金

主要用于制造罐头盒和各种容器，如图2-19所示。

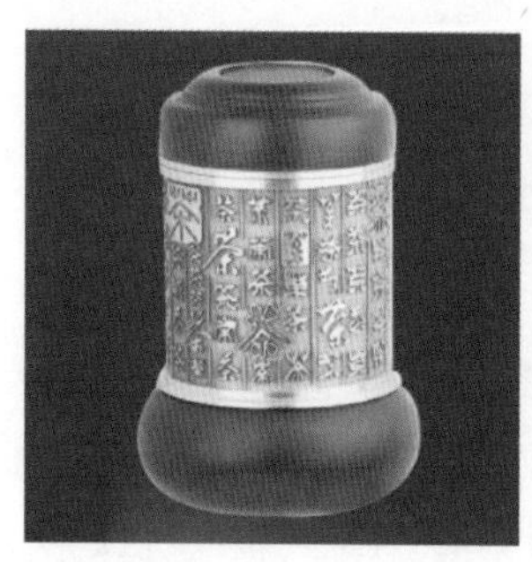

图2-19　锡合金产品

/ 2.4 / 金属加工成形工艺

金属材料是产品设计中常用的重要材料，具有良好的加工性能，因此是实现设计师构思的理想材料之一。金属材料的成形加工工艺包括铸造成形、塑性成形、金属切削加工等。

2.4.1　金属液态成形工艺

将熔融金属浇入具有和零件形状相适应的铸型空腔中，凝固后获得一定形状和性能的金属件的成形方法称为铸造。用铸造方法制造的毛坯或零件称为铸件。

铸造成形工艺应用非常广泛，因为铸造与其他金属加工方法相比，具有以下一些特点。

① 能够制造各种尺寸和形状复杂的铸件，如设备的箱体、机座等。铸件的轮廓尺寸可小至几毫米，大至十几米；质量可小至几克，大至数百吨。

② 铸件的形状和尺寸与零件相接近，因而节省了金属材料和加工的工时。精密铸件可省去切削加工，直接用于装配。

③ 各种金属合金都可以用铸造的方法制成铸件，特别是有些塑性差的材料制造毛坯，如铸铁等。

铸造的生产方法很多，主要可分为砂型铸造和特种铸造两大类。

2.4.1.1 砂型铸造

砂型铸造是最基本的铸造方法，砂型铸造的工艺过程主要包括制造模型和芯盒、配制型砂及芯砂、造型制芯、合型、熔化金属、浇铸、落砂、清理及检验等。砂型铸造如图 2-20 所示。

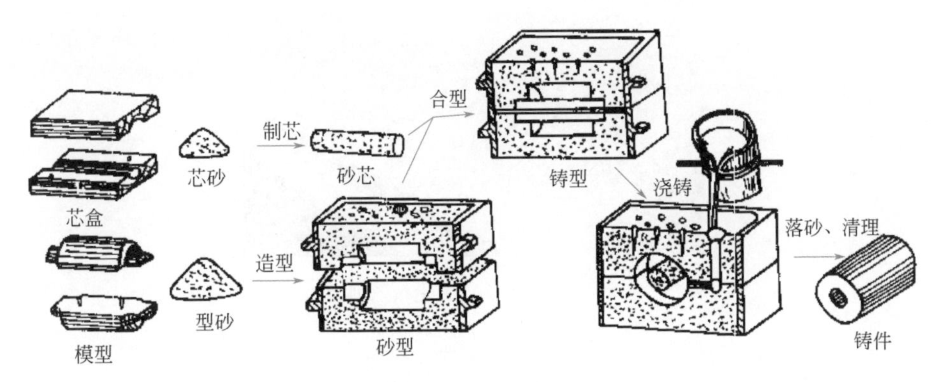

图 2-20 砂型铸造

2.4.1.2 特种铸造

特种铸造是指砂型铸造以外的其他铸造方法。与砂型铸造相比，特种铸造具有铸件精度和表面质量高、铸件内在性能好、原材料消耗低、工作环境好等优点。但铸件的结构、形状、尺寸、重量、材料种类往往受到一定限制。常用特种铸造方法有金属型铸造、熔模铸造、离心铸造、压力铸造和壳型铸造、陶瓷型铸造等。

（1）金属型铸造

将液态金属注入金属制成的铸型以获得铸件的过程，称为金属型铸造。金属型不容易被损坏，节省了造型的时间和材料，提高了生产率，改善了劳动条件。所得到的铸件尺寸精确，表面光洁，机械加工余量小，力学性能较高。但是其铸型导热性好、退让性差，需要预热处理。如果不断浇铸，铸型吸热而温度过高，需要设置冷却装置。

金属型铸造的生产率高，所得铸件的尺寸精度和表面质量也较好，精度为 IT12 ~ IT14，表面粗糙度为 12.5 ~ 6.3μm，铸件的结晶组织细密，提高了力学性能。但金属型的制造成本高、加工周期长，铸件形状越复杂，相应金属型的结构设计和制造也越困难。目前，金属型铸造主要用于大批生产有色金属铸件，如飞机、汽车、拖拉机、内燃机、摩托车的铝活塞、泵体及铜合金轴瓦、轴套等。如图 2-21 所示为金属型铸造模具加工。

（2）熔模铸造

熔模铸造是在蜡模上涂覆数层耐火材料，待耐火材料层固化后，熔去蜡模制成型壳，经高温焙烧后，浇入金属液而获得铸件（图 2-22）。

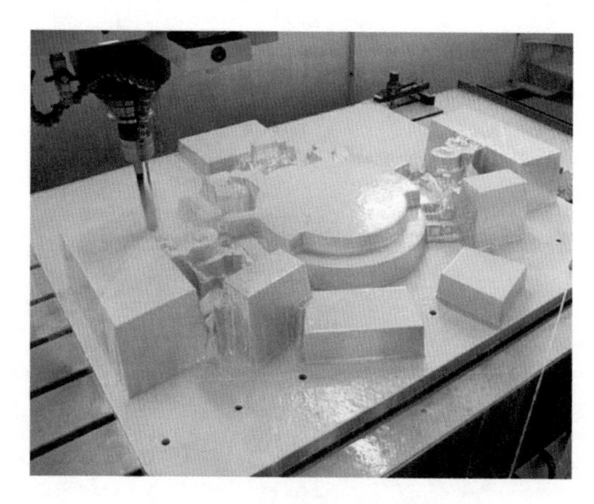

图 2-21　金属型铸造模具加工

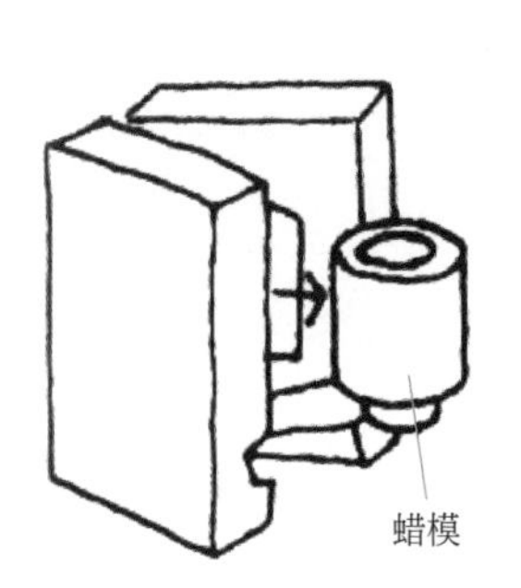

(a) 蜡模是由一个铝制模具制造的，铝制模具可以被重复使用

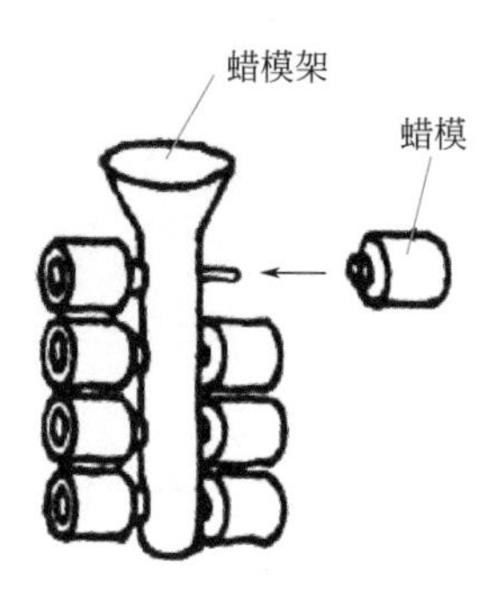

(b) 单体的蜡模被挂在蜡模架上

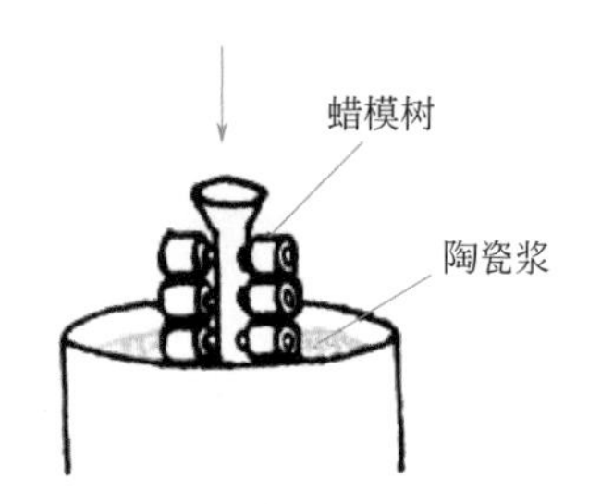

(c) 安装好的蜡模树被浸入陶瓷浆中，然后陶瓷外壳被干燥处理并形成硬壳。这一工序会不断地重复直到陶瓷外壳足够厚为止

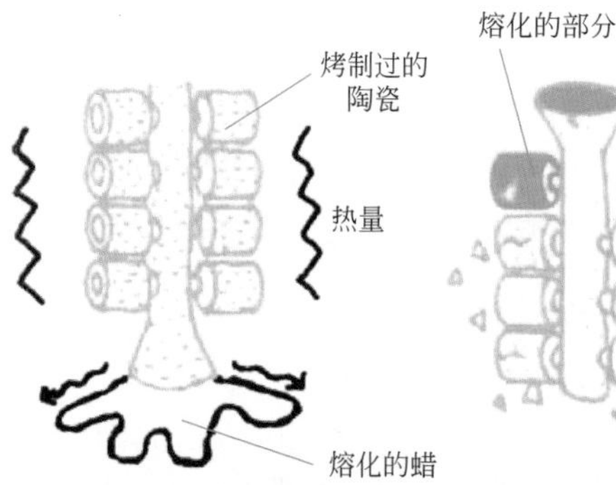

(d) 蜡模树被放进烤箱，经过烤制后陶瓷模具中的蜡被熔化，这样蜡模树在陶瓷被烧制前可以被拉出

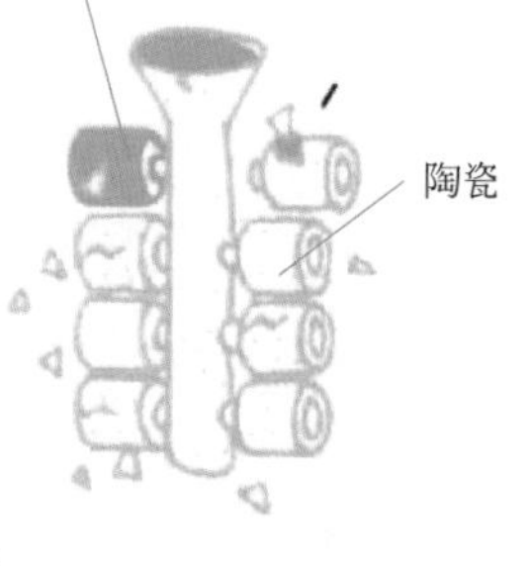

(e) 熔化的金属被倒入经过烧制的陶瓷模具中。冷却后，陶瓷外壳被打碎，单体的零件就可以被移出

(f) 完成的零件

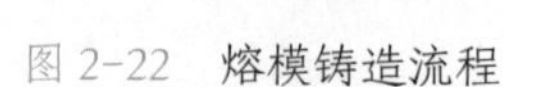

图 2-22　熔模铸造流程

熔模铸造的特点：铸件的精度和表面质量较高；合金种类不受限制，钢铁及有色金

属均可适用；可铸出形状复杂的铸件，可实现任何设计；生产批量不受限制；工艺过程较复杂，生产周期长；成本高；铸件尺寸不能太大。

熔模铸造是一种少、无切削的先进精密成形工艺，最适合 25kg 以下的高熔点、难加工合金铸件的批量生产。如汽轮机叶片、泵轮、复杂刀具、汽车上小型精密铸件。如图 2-23 所示为熔模铸造产品。

图 2-23　熔模铸造产品

（3）离心铸造

离心铸造是指将熔融金属浇入旋转的铸型中，使液态金属在离心力作用下充填铸型并凝固成形。离心铸造的铸型有金属型和砂型两种。铸型时在离心铸造机上根据需要可以绕垂直轴旋转，也可以绕水平轴旋转，如图 2-24 所示。

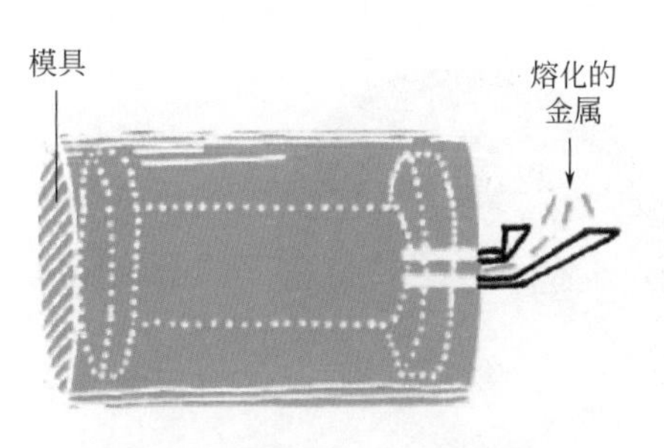

(a) 熔化的金属被倒进封闭的模具中

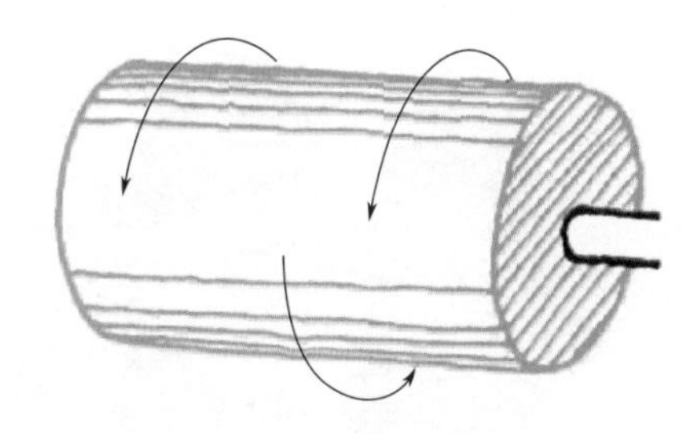

(b) 模具环绕中心轴旋转，旋转速度为300～3000r/min

(c) 旋转时将熔化的金属抛向模具壁，被加在模具中的金属量决定了器壁的厚度

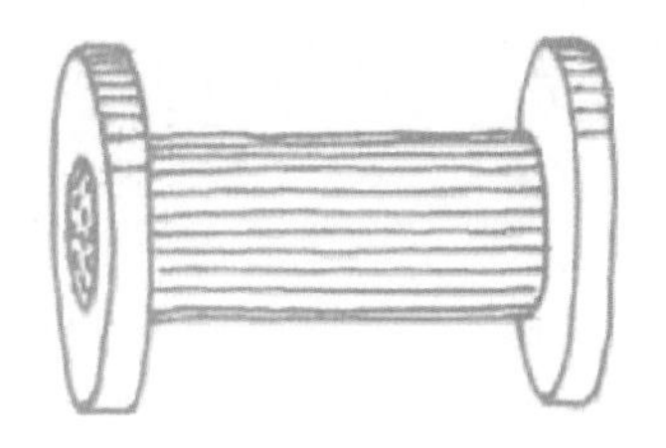

(d) 完成的零件从模具中被移出

图 2-24　离心铸造过程

（4）压力铸造

压力铸造是指将熔融合金在高压、高速条件下充型，并在高压下冷却凝固成形。低压铸造是指液态金属在压力作用下由下而上充填型腔并形成铸件。压力铸造流程如图 2-25 所示。

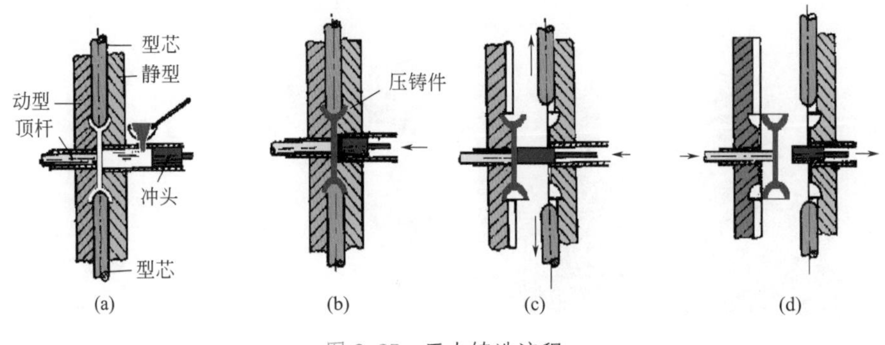

图 2-25　压力铸造流程

由于压力铸造保留了金属型铸造的一些特点，合金又是在压力下结晶的，所以铸件晶粒细，组织致密，强度较高。但是，铸件易产生气孔与缩松，而且设备投资较大，压铸型制造费用较高，一般来说，压力铸造适用于生产薄壁有色合金小型铸件。如图 2-26 所示为压力铸造产品。

图 2-26　压力铸造产品

（5）壳型铸造

壳型铸造是指在金属模板上制造出薄壳铸型，然后进行浇铸的铸造方法。制造壳型的原料是用石英砂和热固性树脂（酚醛树脂）混合而成的型砂。壳型铸造的特点是：结壳时树脂流入型砂之间形成光滑的型腔表面，顶壳时震动很小，壳型强度较高，不易产生冲砂、落砂现象，装配位置可在金属模板上预先制出，定位十分准确。减少了机械加工余量，使型砂处理和运输简单化，便于实现机械化、自动化。壳型铸造特别适用于生产批量较大、尺寸精度要求高、壁薄而形状复杂的各种合金的铸件。

（6）陶瓷型铸造

陶瓷型铸造是指用水解过的硅酸乙酯溶液、耐火材料、催化剂和附加物混合制成陶瓷浆料，浇到母模上面，在催化剂的作用下固化，起出母模，然后经喷烧和焙烧等工艺后制成。母模的精度和光洁度决定了铸件的精密程度。

陶瓷型铸造的特点是强度大、熔点高，因此可以浇铸碳钢、合金钢、模具钢、不锈钢、铸铁及各种有色金属的大铸件，特别适于浇铸模具、拉锻模、热锻模、压铸模、冲模、金属型和各种大中型精密铸件。

2.4.2 金属固态成形工艺

切削加工是指用切削工具从工件表面切除多余材料，从而获得符合要求的表面质量的零件的加工方法。切削加工分为机械切削加工和钳工，机械切削加工是指利用机械力对各种工件进行加工的方法，它是通过人操作机床设备进行加工切削、刨削、镗削、磨削等。钳工是指以手工工具为主，对工件进行加工的加工方法。相应的机床是车床、铣床、刨床、磨床、钻床和镗床。车床主要加工回转表面；铣床和刨床主要加工平面和沟槽；钻床可进行钻孔、扩孔和铰孔等加工；镗床主要用于加工孔；磨床可加工内外回柱面、内外回锥面、平面以及螺纹、齿形、花键等。如图 2-27 所示为常见的切削加工。

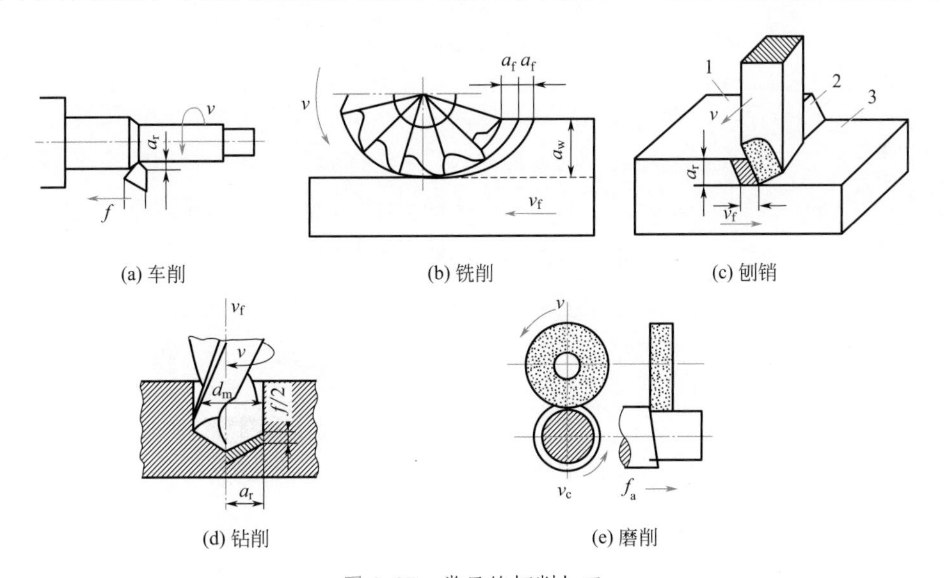

(a) 车削　(b) 铣削　(c) 刨销

(d) 钻削　(e) 磨削

图 2-27　常见的切削加工

1—待加工表面；2—过渡表面；3—已加工表面；v—切削速度；f—工件进给方向；a_f—切削进给量；a_r—切削深度；a_w—切削宽度；v_f—进给速度；d_m—待加工表面直径；v_c—加工时刀具和工件的相对速度；f_a—进给量

由于切削加工具有较高的生产率，并能获得较高的精度和表面质量及有较大的加工范围，因此在现代机械制造中除少量零件采用精密铸造、精密锻造、粉末冶金、塑料压制成型及特种加工等方法获得外，绝大多数零件要靠切削加工成形。据统计，切削加工目前占机械制造总量的 40% ~ 60%。

2.4.2.1　车削的工艺特点及应用

车削加工是在车床上用车刀对工件进行切削加工的方法，它是机械加工中最基本、最常用的加工方法。在种类繁多、形状及大小各异的机器零件中，具有回转表面的零件所占比例最大。车削加工特别适合加工回转表面，因此，大部分具有回转表面的工件都可以用车削方法加工，如加工内外圆柱面、内外圆锥面、端面、沟槽、螺纹、成形面以及滚花等。此外还可在车床上进行钻孔、铰孔和镗孔。如图 2-28 所示为车削加工零件。如图 2-29 所示为车床能完成的主要工作。

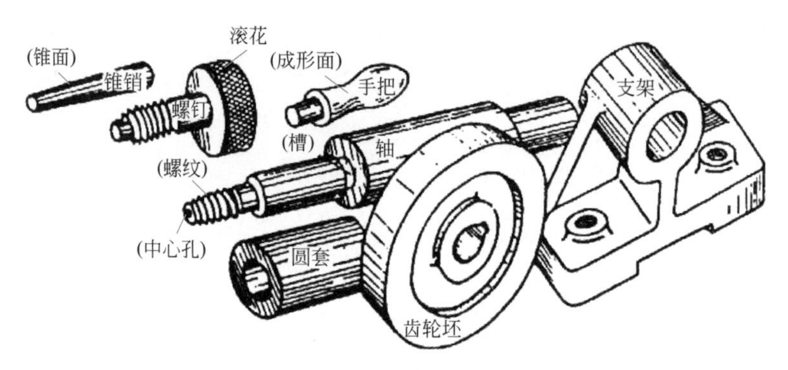

图 2-28　车削加工零件

车削加工的特点是：加工范围广，适应性强，不但可以加工钢、铸铁及其合金，还可以加工铜、铝等有色金属和某些非金属材料，不但可以加工单一轴线的零件，采用四爪卡盘或花盘等装置改变工件的安装位置，也可以加工曲轴、偏心轮或盘形凸轮等多轴线的零件；生产率高；刀具简单，其制造、刃磨和安装都比较方便。在零件的组成表面中，回转面用得最多，车削特别适合加工回转面，故比其他加工方法应用得更加普遍。为了满足加工的需要，车床类型较多，主要有卧式车床、立式车床、转塔车床、自动车床和数控车床等。

2.4.2.2　钻削的工艺特点及其应用

孔是组成零件的基本表面之一，钻孔是孔加工的一种基本方法。钻孔经常在钻床和车床上进行，也可以在刨床或铣床上进行。常用的钻床有台式钻床、立式钻床和摇臂钻床。

在各类机器零件上，经常需要进行钻孔，因此钻削的应用还是很广泛的。但是，由于钻削的工艺特点，用标准麻花钻加工孔，精度较低，表面较粗糙，一般加工精度在

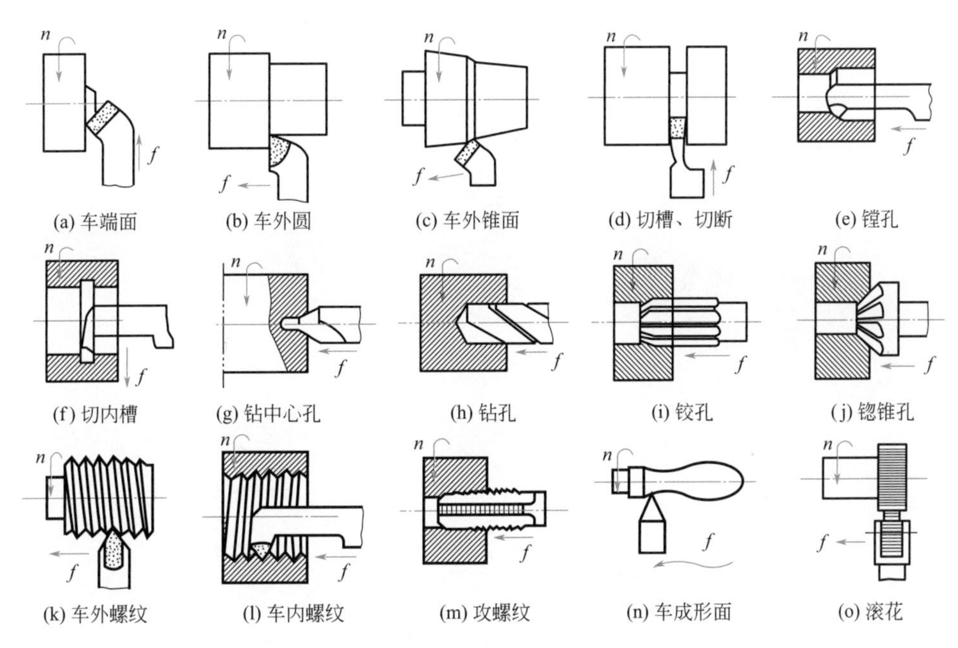

图 2-29　车床能完成的主要工作

n—切削速度；f—切削进给量

IT10 以下，表面粗糙度大于 12.5 μm，生产效率也比较低。因此，钻孔主要用于粗加工，例如精度和粗糙度要求不高的螺钉孔、油孔等；一些内螺纹，在攻螺纹之前，需要先进行钻孔；粗度和粗糙度要求较高的孔，也要以钻孔作为预加工工序。

单件、小批生产中，中小型工件上的小孔（一般 $D < 13$mm），常用台式钻床加工；中小型工件上直径较大的孔（一般 $D < 50$mm），常用立式钻床加工。大中型工件上的孔，则应采用摇臂钻床加工。回转体工件上的孔，多在车床上加工。

在成批和大量生产中，为了保证加工精度、提高生产效率和降低加工成本，广泛使用钻模、多轴钻或组合机床进行孔的加工。

精度高、粗糙度小的中小直径孔（$D < 50$mm），在钻削之后，常常需要采用扩孔和铰孔来进行半精加工和精加工。

2.4.2.3　铣削、刨削与磨削加工

（1）铣削加工

在铣床上利用铣刀的旋转和工件的移动对工件进行切削加工，称为铣削加工。铣削加工范围广泛，可以加工各种平面（水平面、垂直面、斜面）、沟槽（键槽、直槽、角度槽、燕尾槽、T 形槽、V 形槽、圆形槽、螺旋槽等）和齿轮等成形面，还可进行钻孔、镗孔和切断等，其应用示例如图 2-30 所示。

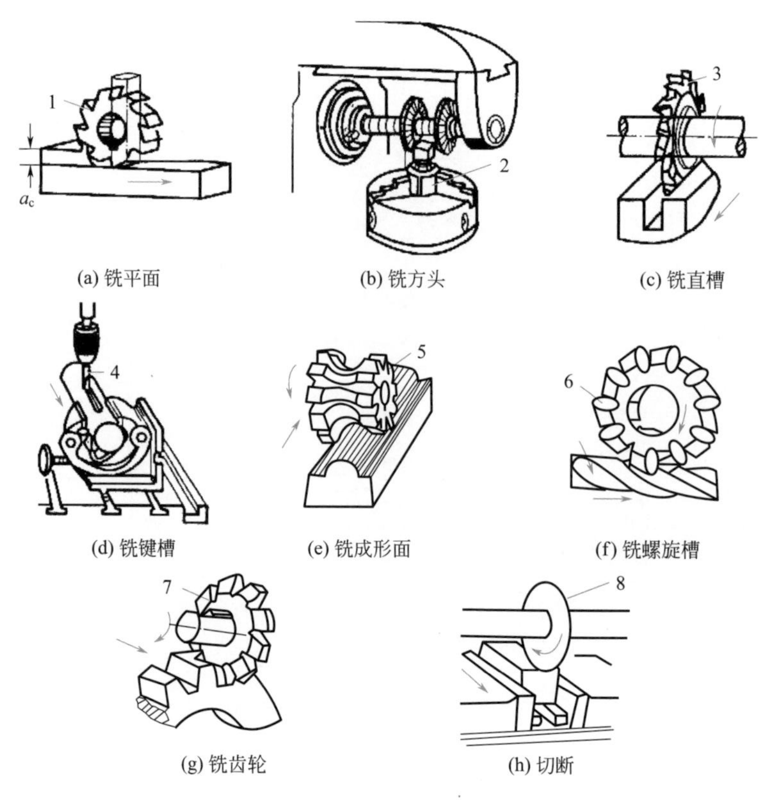

图 2-30 铣床加工应用示例

1,6—圆盘铣刀；2—衬套；3—错齿三面刃盘铣刀；4—键槽铣刀；5,7—成形铣刀；8—锯片铣刀；

a_c—铣削进给量

（2）刨削加工

刨削是使用刨刀在刨床上进行切削加工的方法，主要用于加工各种平面、垂直面、台阶、直角沟槽、斜面、燕尾形工件、T 形槽、V 形槽、曲面、内孔、齿条等，如图 2-31 所示。

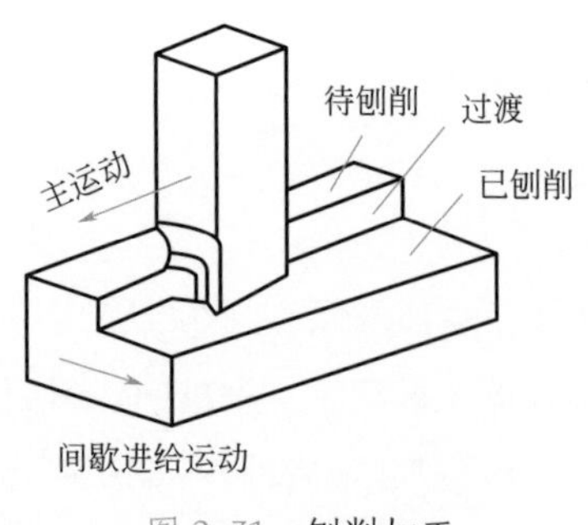

图 2-31 刨削加工

刨削比铣削平稳，但加工精度较低，其加工精度一般为IT10 ~ IT58，表面粗糙度为6.3 ~ 1.6μm。

刨削加工的特点是：因加工时，主运动是刀具（或工件）的往复直线运动，换向时要克服较大的惯性力，从而限制了主运动速度的提高；回程不进行切削，而且刨刀是单刃刀具，一个表面往往要经过多次行程才能加工出来，所以生产率较低；刨削为间断切削，刀具在切入和切出工件时受到冲击及震动，容易损坏。因此，在大批量生产中应用较少，常被生产率较高的铣削、拉削加工代替。

由于刨床的结构比车床和铣床都简单，因此调整和操作简便，制造成本低。刨刀与车刀基本相同，形状简单，制造、刃磨、安装方便。在加工窄而长的表面和在龙门刨床上采用多刀（或多件）装夹加工时，也能得到较高的生产率。因此，在机械加工中，特别是单件小批生产和修理工作中，刨削仍占有一定的地位。

（3）磨削加工

在磨床上用砂轮（或砂带）作为切削工具，对工件表面进行加工的工艺过程称为磨削，它是对机械零件进行精加工的主要方法之一。磨削加工主要用于零件的内外回柱面、内外回锥面、平面和成形面（如花键、螺纹、齿轮等）的精加工，以获得较高的尺寸精度和较小的表面粗糙度。如图 2-32 所示为常见的几种磨削加工。

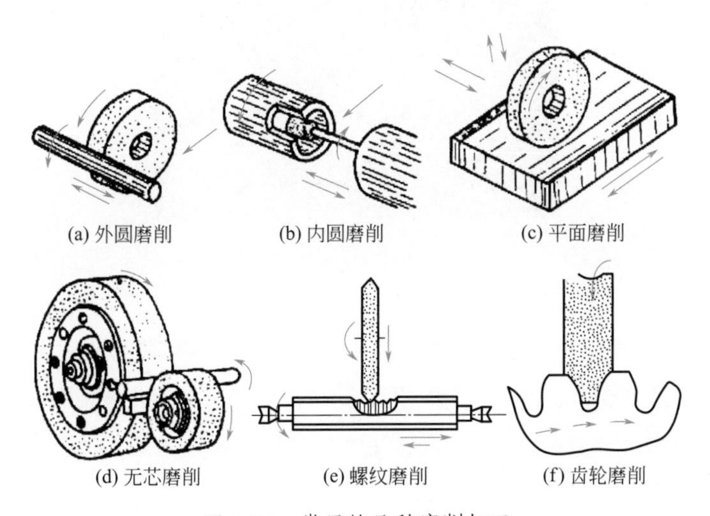

图 2-32 常见的几种磨削加工

2.4.3 金属压力加工成形工艺

金属的塑性成形是利用金属在外力作用下所产生的塑件变形，使其获得一定形状、尺寸和力学性能的毛坯或零件的加工方法。

常用的金属材料中，除铸铁等少数塑性较差的品种外，钢和大多数非铁金属都可以通过塑性加工成形。金属经塑性成形后能使晶粒细化、成分均匀、组织致密、流线合理、性能提高。塑性成形加工还具有生产效率高、材料利用率较高等特点。但是这种加工方法由于受到金属流动的限制，不能加工形状太复杂（尤其是内腔形状）的零件，且不适合加工脆性材料。

金属塑性成形加工的基本力法有铸造、冲压、轧制、挤压、拉拔等。

（1）锻造

在加压设备及模具的作用下，使坯料产生局部或全部的塑性变形，以获得一定几何尺寸、形状和质量的锻件的加工方法称为锻造。锻造可以分为自由锻造和模锻两大类。

自由锻造（图 2-33）是利用冲击力或压力使金属在上下砧之间产生塑性变形，从而得到所需锻件的锻造方法。金属坯料在上下砧之间受力变形时，除打击方向外，朝其他方向的流动基本不受限制。锻件形状和尺寸由锻工的操作技术来保证。

图 2-33　自由锻造

自由锻造的工艺灵活，所使用的工具简单，成本低，具有较强的适应性，生产的锻件质量从不足 1kg 到 200 ~ 300t，应用较为广泛。自由锻造是锻造大型锻件的唯一方法。

自由锻件精度较低，加工余量较大，生产效率低，所以一般只适合单件小批量生产。自由锻造分为手工锻造和机器锻造两种。手工锻造只适合单件生产小型锻件，现代制造业则主要采用机器锻造。

（2）冲压工艺

工业设计专业，重点研究方向为产品的外壳界面与人的关系。产品的外壳界面的成形，金属板料冲压是最常见的工艺之一。大型产品，如飞机、汽车的外壳，为金属板料冲压件；小型产品，如不锈钢等厨房用品为金属板料冲压制品。同时，产品内部机械、电子系统，大量使用冲压件制造其机械结构、传动结构、支承与固定结构。冲压零件如图 2-34 所示。

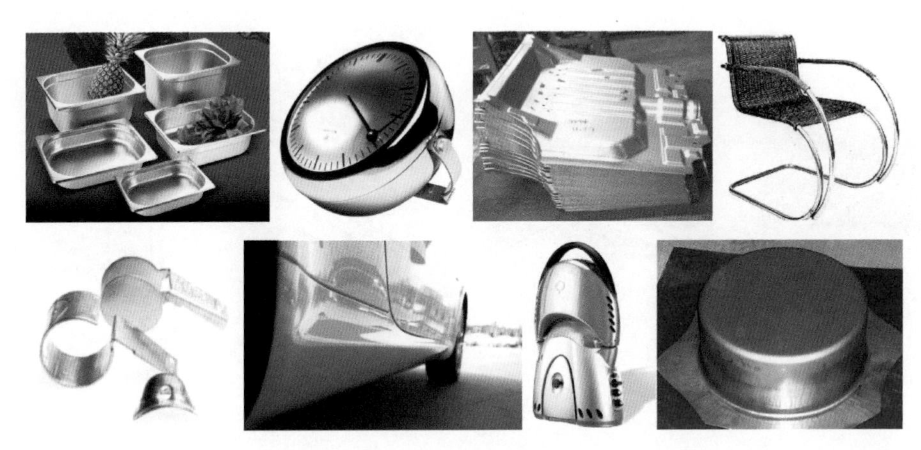

图 2-34　冲压零件

冲压是金属塑性加工的基本方法之一，是利用冲模使板料产生分离或变形的方法。这种加工方法通常是在常温条件下进行的，所以又叫冷冲压。只有当板料厚度超过 8mm 或材料塑性较差时才采用热冲压。

板料冲压与其他加工方法相比具有以下特点。

① 可以制造其他加工方法难以加工或无法加工的形状复杂的薄壁零件，废料较少。

② 冲压产品具有足够的精度和较低的表面粗糙度，互换性能好，一般不再进行机械加工即可装配使用。

③ 可以利用塑性变形的加工硬化提高零件的力学性能，在材料消耗小的情况下获得强度高、刚度大、质量好的零件。

④ 生产效率高，操作简单，成本低，工艺过程易实现机械化和自动化。

⑤ 冲压模结构较复杂，加工精度要求高，制造费用高，因此板料冲压通合大批量生产。

板料冲压所用原材料，特别是制造中空的杯状产品时，必须具有足够的塑性，常用的金属板料有低碳钢、高塑性的合金钢、不锈钢、铜、铝、镁及其合金等。非金属材料中的石棉板、硬橡胶、皮革、绝缘纸、纤维板等也广泛采用冲压成形。

(3) 轧制

轧制是指借助于坯料与轧辊之间的摩擦力，使金属坯料连续地通过两个旋转方向相反的轧辊的孔隙而受压变形的加工方法。轧制（图 2–35）可加工不同截面形状的原材料，如圆钢、方钢、角钢、工字钢、钢轨等，如图 2–36 所示。轧制包括热轧与冷轧。

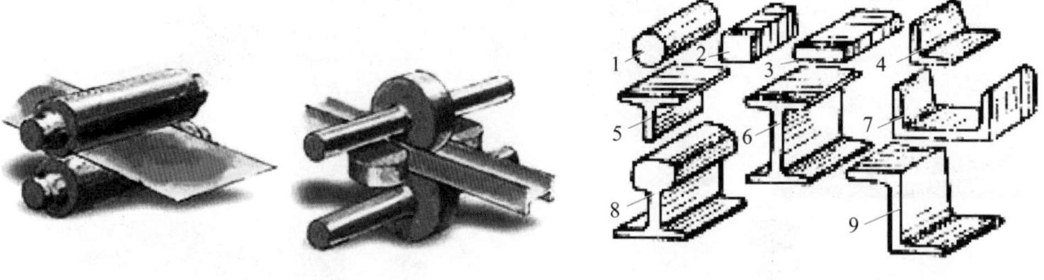

图 2–35　轧制示意

图 2–36　轧制截面形状

1—圆钢；2—方钢；3—扁钢；4—角钢；5—T 型钢；6—工字型钢；7—槽钢；8,9—其他截面型钢

（4）挤压

挤压是指对金属锭坯施加强大压力，使其发生塑性变形，从挤压模具中流出，或充满凹凸型腔，而获得所需各种型材、管材、零件等。挤压的方法：正挤压（图 2–37）、反挤压（图 2–38）、复合挤压（图 2–39）、径向挤压（图 2–40）。

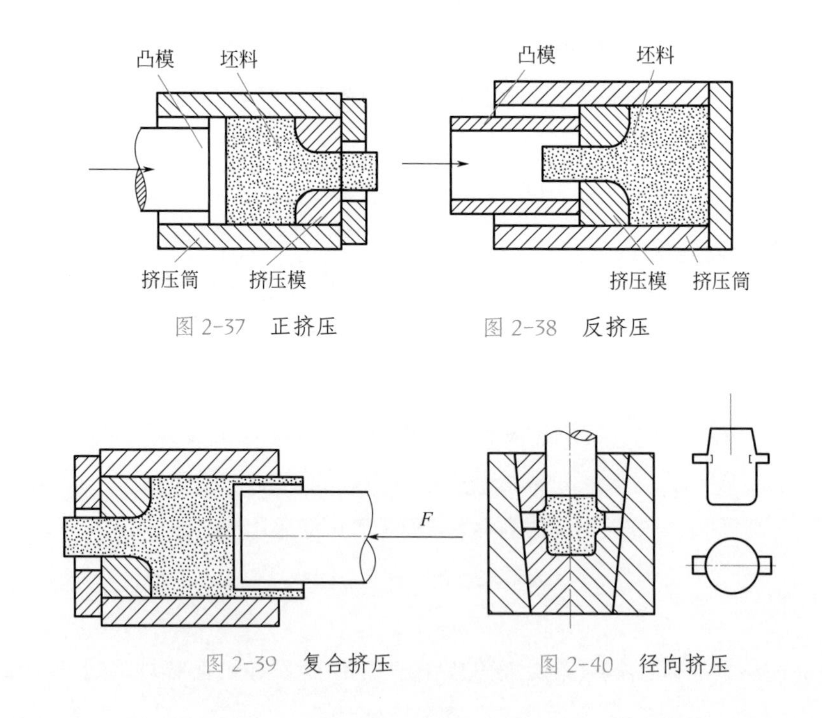

图 2–37　正挤压

图 2–38　反挤压

图 2–39　复合挤压

图 2–40　径向挤压

(5) 拉拔

拉拔(图 2-41)是指将金属坯料从拉模的模孔中拉出而成形为各种线材、薄壁管材、特殊截面型材等。拉拔产品如图 2-42 所示。

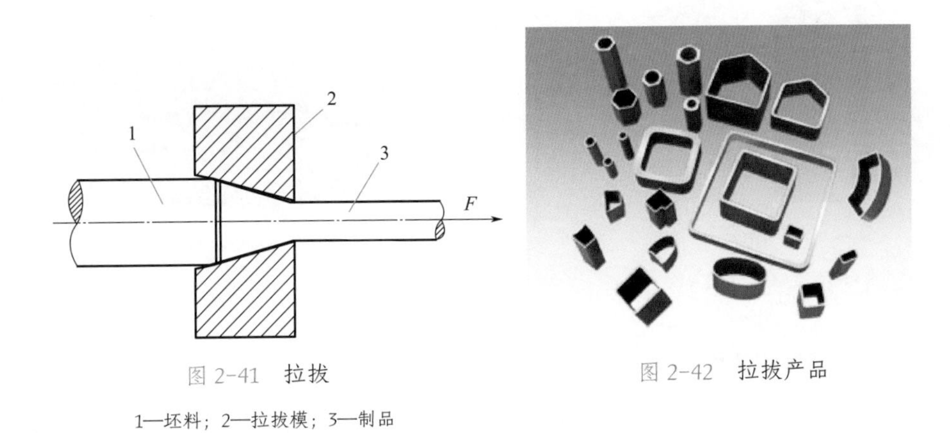

图 2-41　拉拔

1—坯料;2—拉拔模;3—制品

图 2-42　拉拔产品

/ 2.5 / 产品设计中金属材料及工艺实践案例解析

(1) SIGG 饮料瓶

SIGG 饮料瓶(图 2-43)由瑞士 SIGGAG 公司设计,采用铝合金材料制造,主要使用了冲压拉伸、外表喷砂、内壁搪瓷等工艺。SIGG 是在德语系国家中享有较高知名度的品牌,其耐用的铝质饮料瓶身的设计,以其完美的功能和质量成为设计的典范作品。设计师充分利用了铝合金的良好延展性,采用高效、快捷的冲压拉伸冷加工工艺成形技术制成。瓶的内壁喷涂一层搪瓷,既保证饮料存储的安全,又防止饮料中的酸对瓶身的腐蚀;对瓶身外表进行了独具个性特色的磨砂效果涂饰,使得整个功能瓶更加精致和高档次。

(2) 水花果盘

水花果盘(图 2-44)由设计师吉斯·贝克设计,采用不锈钢材料制造,主要使用了铸造、冲裁、焊接、抛光等工艺。水花溅起的刹那一直都是摄影爱好者的主题,因为其具有张力、短暂而珍贵,且每个水花都是独一无二的。设计师想表达的是将珍贵而短暂的时光置入日常生活中,并增添美感。水花果盘的柔和造型结合无懈可击的抛光表面,把不锈钢独有的美感展现得一览无余,外观形式和材料表面质感相互和谐辉映,营造出栩栩如生的水滴波纹效果。

图 2-43　SIGG 饮料瓶

图 2-44　水花果盘

（3）接吻造型的盐和胡椒粉罐

接吻造型的盐和胡椒粉罐（图 2-45）由设计师卡里姆·拉希德设计，采用铝合金材料制造，主要使用了砂型铸造、焊接、抛光等工艺。接吻造型的盐和胡椒粉罐是纳姆彼公司的产品，其生产技术水平精湛，堪称艺术级，基本工艺为铝合金砂模铸造，由于铝合金中不含银、铅，所以可以长久保持良好的光泽，表面也不会出现裂缝，并且也不用担心铅会污染放置其中的食物。

（4）眼镜盒

眼镜盒（图 2-46）由林德伯格公司设计，采用不锈钢材料制造，主要使用了冲压、卷边、抛光等工艺。眼镜盒由一整片薄形亚光不锈钢片制成，盒身兼具强度与弹性，是一件完美地发挥不锈钢片材料内在特性的经典产品。由钢片到眼镜盒造型是一个十分精密的设计、计算、加工过程，盒体闭合完全靠钢片自身的弹性与强度来实现，整个产品没有用到任何铰链、螺栓、焊接等工艺或外部元件。造型秉承了北欧传统的简约而强调

图 2-45　接吻造型的盐和胡椒粉罐

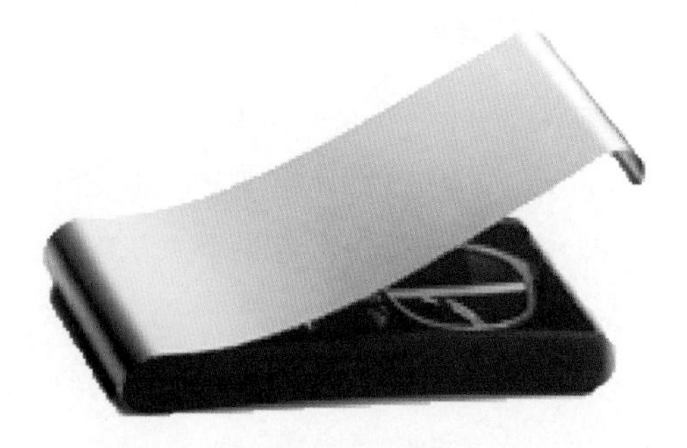

图 2-46　眼镜盒

功能的设计风格，表面研磨工艺的应用，使得产品更加朴素、简洁；整个设计的理念基于实现材料、造型及功能三者之间最完美的和谐状态。

（5）黄铜喇叭

黄铜喇叭（图 2-47）采用黄铜材料制造，主要采用电铸造工艺成型。电铸工艺是指通过在模具表面缓慢积淀一层具有一定厚度的金属层来实现造型。在电铸造过程中，金属积淀于模具表面上，当积淀的金属达到一定的厚度时，金属元件即可从模具上分离下来。这些模具可以用任何一种不导电的材料制成，在电铸造之前只需用导电物质对其表面进行涂覆即可。电铸造工艺简单，成本相对低廉；另外，电铸造工艺还有一个优点，即沿着模具表面形成的金属镀层厚度十分均匀。

（6）铸铁茶壶

铸铁茶壶（图 2-48）由黑川雅之设计，采用铁材料制造，主要使用了铸造、焊接等工艺。日本传统茶道的加热器以铸铁为主，但现在已不再有这种需求了，因此出现了不能销售的大量库存茶壶盖和把手，黑川雅之就产生了利用它们制作现代铁壶的想法。这款铸铁水壶采用具有丰富肌理的铸铁材质，经由手工铸造；此壶可用作茶壶或酒壶，内部附有过滤器，根据用途不同可以随意安装或取下，并且搭配具有一体感的底座，赋予独特的造型。在铸铁壶的设计灵感之初，黑川雅之是以素材、形状、光、影进行思考的：“铁元素的野性、粗糙的质感，配以何种形状体现和谐的美感，感受铁元素是有生命的物质，并与之对话，想象它被高温煅烧的感觉，感知一种设计素材就像感知一个鲜活的生命，并赋予它适合的形状和造型，这个过程就像孕育生命”。该产品是日本的传统手工艺与现代设计的完美融合。

图 2-47　黄铜喇叭

图 2-48　铸铁茶壶

(7) 钻石安乐椅

钻石安乐椅（图 2-49）由哈里·贝尔托设计，采用钢管、钢丝、软体材料制造，主要使用了焊接、弯曲等工艺。钻石安乐椅也称为钻石椅，1952 年由美国设计师哈里·贝尔托用手工弯曲、手工焊接的钢管制成。钻石安乐椅把钢丝焊接成钻石形状的非几何形虚拟曲面，安装在直线形的、由金属条构成的支架上，三维弯曲的金属网状座面和靠背，与直线形金属支架形成直线与曲线的对比，钢丝外面涂以乙烯基树脂，闪闪发光，就像黑夜里天空中闪烁的星星。

(8) 轮毂

轮毂（图 2-50）采用铝合金材料制造，主要使用了锻造、抛光等工艺。轮毂的工艺和技术发展迅速，目前市面上运用较多的就是铝合金轮毂，采用铸造（重力铸造、低压精密铸造）、锻造两种成形工艺。

铸造轮毂造型可以多变，制造成本较低，受到撞击后由于强度不是非常高，易弯曲，不易断裂。锻造轮毂优于铸造轮毂，因为轮毂刚性更高、更轻，对加速、减速、过弯、油耗以及悬挂的负载都有帮助。轮毂是汽车外观中的一个重要部件，其美观程度对汽车的整体形象有着很大的影响，关系着汽车车身设计的品位和档次；简捷、时尚的轮毂外观形式也越来越受到年轻一代爱车人士的观爱。

图 2-49 钻石安乐椅

图 2-50 轮毂

/ 思考与习题

1. 产品设计中常用的金属材料有哪些？其主要特点是什么？列举几个生活中的范例说明。

2. 比较不锈钢、铝合金和钛合金的优缺点。

第 3 章
/ 塑料及其成型工艺

/ 知识体系图

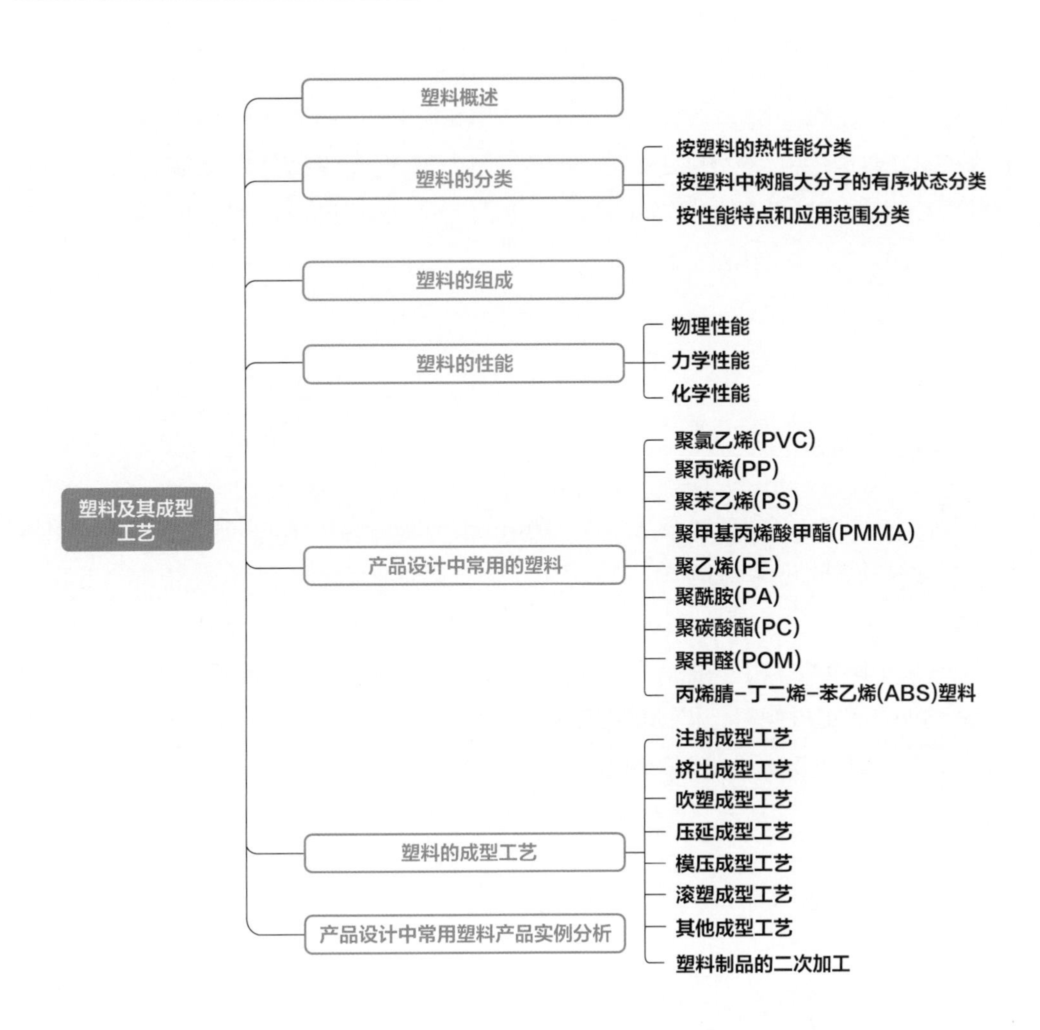

/ 学习目标

知识目标

1. 掌握设计中常用塑料的种类、特性。

2. 掌握设计中常用塑料的成型工艺。

3. 了解常用塑料材料在设计中的应用。

技能目标

1. 能够运用塑料材料的相关知识进行塑料产品的创造性设计。

2. 能够结合所学知识对现有塑料产品进行材料和工艺的分析

引例

塑料——产品造型创意的源泉

对于设计师而言，表达创意的方式就是通过产品外观的塑造来实现的。对于工业设计师来说，再没有另一种材料会比塑料的应用更加广泛了。人们生活在无数塑料产品围绕的环境中，到处可见使用塑料外壳的产品。而作为产品设计师，了解塑料的成型方式，能够帮助我们了解产品创意后期的生产流程，把握产品生产的成本，同时还能在工艺基础上做出更多创意。

/ 3.1 / 塑料概述

塑料是一种高分子材料。概括而言，塑料的基本成分是树脂，树脂是由低分子单体化合物通过共价键结合起来的一种高分子化合物（又称高聚物），可以天然生成，也可以人工合成。

现今用于制备塑料的树脂，几乎都是由人工合成的。塑料以树脂为基材，按需要加入适当助剂，组成配料，借助成型工具，可以在一定温度和压力下塑制成一定形状和尺寸，经冷却变硬或在成型的温度下交联固化变硬，成为能保持这种形状和尺寸的制品。

/ 3.2 / 塑料的分类

塑料的品种甚多，性能亦各有差别，为便于区分和合理应用不同塑料，人们按不同方法对塑料进行分类。其中最重要的有以下几种分类方法。

3.2.1 按塑料的热性能分类

塑料按受热时的行为可分为热塑性塑料和热固性塑料两大类。

（1）热塑性塑料

热塑性塑料加热时变软甚至熔融流动，冷却时凝固变硬，这种过程是可逆的，可以反复进行。这是由于热塑性塑料配料中，树脂的分子链是线型的或仅带有支链，不含可以产生链间化学反应的基团，在加热过程中不会产生交联反应形成链间化学键。因此，在加热变软甚至流动和冷却变硬的过程中，只发生了物理变化。正是利用这种特性，可以对热塑性塑料进行成型加工。聚烯烃类、聚乙烯基类、聚苯乙烯类、聚丙烯酸酯类、聚甲醛类、聚碳酸酯类、聚砜、聚苯醚类等，都属于热塑性塑料。

（2）热固性塑料

热固性塑料在第一次加热时可以软化流动，加热到一定温度时产生分子链间化学反应，形成化学键，使不同分子链之间交联，成为网状或三维体型结构，从而变硬，这一过程称为固化。固化过程是不可逆的化学变化，在以后再加热时，由于分子链间交联的化学键的束缚，原有的单个分子链间不能再互相滑移，宏观上就使材料不能再软化流动了。利用热固性塑料配料的第一次加热时的软化流动，使其充满模腔并加压，固化后形成要求形状和尺寸的制品。

3.2.2 按塑料中树脂大分子的有序状态分类

按树脂大分子的有序状态，可将塑料分为无定形塑料和结晶型塑料。

（1）无定形塑料

塑料中树脂大分子的分子链的排列是无序的，不仅各个分子链之间排列无序，同一分子链也像长线团那样无序地混乱堆砌。无定形塑料无明显熔点，其软化甚至熔融流动的温度范围很宽。聚苯乙烯类、聚砜类、丙烯酸酯类、聚苯醚类等都是典型的无定形塑料。

（2）结晶型塑料

塑料中树脂大分子链的排列是远程有序的，分子链相互有规律地折叠，整齐地紧密堆砌。结晶型塑料有比较明确的熔点，或具有温度范围较窄的熔程。同一种塑料如果处于结晶态，其密度总是大于处于无定形态时的密度。结晶型塑料与低分子量晶体不同，很少有完善的全部结晶状态，一般总是结晶相与无定形相共存。因此，通常所谓的结晶型塑料，实际上都是半结晶型塑料。结晶型塑料的结晶度与结晶条件有关，可以在较大范围内变化。只有热塑性塑料才有结晶状态，所有的热固性塑料，由于树脂分子链间相互交联，各分子链间不可能互相折叠、整齐紧密地堆砌成很有序的状态，因此不可能处于结晶状态。聚乙烯、聚丙烯、聚甲醛、聚四氟乙烯等都是典型的结晶型塑料。

3.2.3 按性能特点和应用范围分类

按性能特点和应用范围，可大致将现有塑料分为通用塑料和工程塑料两大类。

（1）通用塑料

凡生产批量大、应用范围广、加工性能良好、价格又相对低廉的塑料可称为通用塑料。通用塑料容易采用多种工艺方法成型加工为多种类型和用途的制品，例如可用注射、挤出、吹塑、压延等成型工艺或采用压制、传递模塑等工艺。一般而言，对于通用塑料其某些重要的工程性能，特别是力学性能、耐热性能较低，不适合用于制备作为承受较大载荷的塑料结构件和在较高温度下工作的工程用制品。

聚烯烃类、聚乙烯基类、聚苯乙烯类（ABS 除外）、丙烯酸酯类、氨基、酚醛等塑料，都属于通用塑料范畴。聚乙烯塑料、聚丙烯塑料、聚氯乙烯塑料、聚苯乙烯塑料、酚醛塑料是当今应用范围最广、产量最大的通用塑料品种，合称五大通用塑料。

（2）工程塑料

工程塑料除具有通用塑料所具有的一般性能外，还具有某种或某些特殊性能，特别是具有优异的力学性能或优异的耐热性，或者具有优异的耐化学品性能，在苛刻的化学环境中可以长时间工作，并保持固有的优异性能。

优异的力学性能可以是抗拉伸、抗压缩、抗弯曲、抗冲击、抗摩擦磨损、抗疲劳、抗蠕变等。某些工程塑料兼有多种优异性能。

工程塑料生产批量较小，供货较紧缺，或制备时的原材料较昂贵、工艺过程较复杂，因而造价较昂贵，用途范围受到限制。某些工程塑料成型工艺性能不如通用塑料，也是限制其应用范围的原因之一。

现今，较常应用的工程塑料大品种有聚氨类塑料，聚碳酸酯、聚甲醛、热塑性聚酯、聚苯醚、聚砜、聚苯硫醚、氟塑料等。ABS（丙烯腈 - 丁二烯 - 苯乙烯）是应用量最大的工程塑料。

应该指出，以上对通用塑料和工程塑料的分类并不是绝对的。某些通用塑料品种，经过增强或改性，许多性能可以提高，亦可当作工程塑料应用。例如玻璃纤维增强聚丙烯、含玻璃纤维的酚醛塑料等。ABS 也属于通用塑料聚苯乙烯的改性产品，由于综合力学性能优异，被列为工程塑料。制备 ABS 塑料的原材料价廉易得，制备工艺过程也较简单方便，生产批量大，因而价格比其他工程塑料便宜，用途甚广，用量甚大，在此种意义上，又可以把它视为通用塑料。聚乙烯是典型的通用塑料，但超高分子量聚乙烯又因具有优异的耐磨性被视为工程塑料。

/ 3.3 / 塑料的组成

组成塑料的最基本成分是树脂，称为基质材料。按实际需要，塑料材料中一般还含有许多其他成分，称为助剂，这些助剂用以改善材料的使用性能或工艺性能。热塑性塑料有时也以树脂形式使用，热固性塑料则完全以加有助剂的形式使用。

塑料材料用助剂的品种很多，包括填料、增强剂、增塑剂、润滑剂、抗氧剂、热稳定剂、光稳定剂、阻燃剂、着色剂、抗静电剂、固化剂、发泡剂和其他某些助剂。

填料的作用是改善塑料某些物理性能，例如导热性、膨胀性、耐热性、硬度、收缩性、尺寸稳定性等，有时也是为了改善或会伴随着改善材料的某些力学性能，有时填料的使用主要是为了降低材料造价。

增强剂用以提高塑料的力学性能，即是提高材料强度和刚度、硬度等的助剂，以增大材料的承载能力，也往往伴随着改善材料的其他物理性能，如提高耐热性，减小收缩，改善尺寸稳定性，改变导热性和热膨胀性等。人们往往将这两种含义有所区别的助剂视为同一。实际上，填料的含义较广，增强剂的含义较窄，可将增强剂包括在填料内，视为专用于改善材料力学性能的填料。

增塑剂是用以改善塑料塑性，增加成型加工时的流动性，降低制品的脆性，改善材料耐寒性的一种助剂。增塑剂对塑料的增塑机理主要是增塑剂分子可对树脂大分子起隔离作用，使不同分子链之间的距离增大，减小大分子之间的相互吸引力和缠结，使分子链的内旋转变得容易，增加分子链的柔曲性并使分子链相互滑移变得容易，从而增大材料流动性、改善耐寒性、减小脆性等。

(1) 热稳定剂

加入塑料配料中，能改善树脂的热稳定性，抑制其热降解、热分解的助剂称为热稳定剂。

（2）抗静电剂

加入塑料配料中或涂覆于塑料制品表面，防止制品表面聚集电荷的助剂称为抗静电剂。

（3）阻燃剂

加入塑料配方中，能够阻止材料的燃烧倾向和程度，或降低燃烧速率和火焰传播速率的助剂称为阻燃剂。

（4）润滑剂

加入塑料配料中，以便在塑料成型加工中减少摩擦，改善加工性能的助剂称为润滑剂，有外润滑剂和内润滑剂之分。外润滑剂用于减少塑料加工时物料或制品与加工设备金属表面间的摩擦或黏附，例如减少熔体与注塑机、挤出机螺杆间或与料筒间的摩擦，制品与模具型面间的摩擦等。内润滑剂用于减少塑料熔融加工时树脂大分子之间的摩擦，降低熔体黏度，增加熔融物料的流动性，有利于塑料的加工。

（5）着色剂

使塑料着色的染料或颜料及其助剂称为着色剂。某些着色剂还具有改善制品的耐气候、耐老化性能，延长制品使用寿命的作用。着色剂也称色料，包括无机颜料、有机颜料和某些染料。塑料中通常使用无机颜料，其中又以炭黑（黑色）、钛白（白色）、铁红等用得较多。常用的有机颜料有酞菁类（蓝、绿）、偶氮类（黄、绿、红、橙）和喹吖啶酮类（红、紫）等。一般使用油溶性染料作着色剂，用于聚苯乙烯、有机玻璃和聚碳酸酯等透明塑料。此外，还有赋予塑料特殊光学性能的珠光着色剂、磷光着色剂和荧光着色剂等。

/ 3.4 / 塑料的性能

3.4.1 物理性能

（1）密度

塑料的密度小，一般为 1000 ~ 2000kg/m^3，为钢的（1/8）~（1/4），因而有利于制造要求减轻自重的各种结构零件。

（2）着色性

塑料几乎可以任意着色。透明的塑料，既可以制成像玻璃那样的透明制品，也可以像金属制品和木制品那样，进行喷漆或电镀。

（3）透明度

许多工程塑料制品可做成透明或半透明材料，透明度是衡量透明材料透明程度的一项重要技术指标，通常以透光度来表示。所谓透光度是指透过物体的光通量和射到物体上的光通量的比值（%），它是在光度计上测定出来的。

（4）防护性能

由于多数塑料具有很小的吸水、透水、透气性能，因而常常将塑料做成薄膜、箱、桶等包装用品用以保护物品。一般用吸水性、耐油性、透水性、透气性、透湿性等指标来衡量其防护性能。大多数塑料均具有一定程度的吸水性。对于在潮湿环境及水中工作的零件，会因吸水而引起尺寸及某些性能（如硬度）变化。故吸水率大的工程塑料，不宜用于制造高精度的机器零件。

（5）热性能

塑料的热性能主要包括导热性、线胀系数、熔融指数及耐燃烧性等。塑料的耐热性一般都不高，常用热塑性塑料如聚乙烯、聚氯乙烯、尼龙等，长期使用温度一般在100℃以下。热固性塑料的耐热性比热塑性塑料高，热固性塑料如酚醛塑料的使用温度为130 ~ 150℃。耐高温塑料如有机硅等，可在200 ~ 300℃使用。与金属相比，高分子材料的耐热性是很低的。

① 导热性以热导率来表示。热导率是指规定尺寸的立方形标准试样，其两平行侧面的温度相差1℃时，在单位时间内所传递的热量，其单位为W/（m・℃）。塑料的热导率低，一般只有0.23 ~ 0.69W/（m・℃），仅为金属的（1/600）~（1/500），所以塑料是良好的绝热保温材料。但对于要求散热的制品，如摩擦零件，导热性差是一个缺点。

② 线胀系数指试样温度升高1℃所增长的长度与原长度之比，单位为$℃^{-1}$。塑料的线系数比金属大3 ~ 10倍，因此塑料零件的尺寸精度不够稳定，受环境温度的影响较大，作为结构材料使用时必须考虑这些影响。

③ 熔融指数（MI）是衡量塑料流动性好坏的性能指标之一。指的是热塑性树脂在规定温度和恒定负荷下，其熔体在一定时间内流过标准出料模孔的质量。其单位为g/10min，其数值可用熔融指数仪来测定。一般分子量越小，则它的熔融指数越大，熔

体流动性好，易于成型。

④ 耐燃烧性指塑料接触火焰时，抵制燃烧，或离开火焰时阻止继续燃烧的能力。塑料的耐燃烧性，一般用不燃、自熄、燃烧等字样来表示。

（6）电性能

由于高聚物内部没有自由电子，因此多数塑料具有良好的电绝缘性，并可与陶瓷媲美，是机械设备中理想的电绝缘材料。但是各种塑料的电性能也存在差异，通常可用介电常数、介质损耗与介质损耗角正切值、表面电阻系数、体积电阻系数、击穿强度和耐电弧性等表示塑料的电性能。

3.4.2 力学性能

力学性能是决定工程材料使用范围的主要性能指标之一。

（1）硬度

由于塑料的硬度与其他力学性能，如抗拉强度、疲劳强度等有一定关系，因此通过测定它的硬度可以估计这些力学性能值。在成型工艺上，通过测定塑料的硬度，可估计热固性塑料的固化程度，因为完全固化的塑料比不完全固化的塑料硬度高。加之，硬度试验简便、易行，不损坏零件，鉴于上述原因，硬度试验在塑料工程中也得到了广泛的应用。

测试工程塑料硬度的方法一般有三种。

① 布氏硬度常用于硬质塑料硬度的测定。

② 洛氏硬度可用于软塑料到硬塑料的测定。洛氏硬度共有 16 种标尺，软质热塑性塑料多用 R 和 L 两种标尺，即 HRR 和 HRL；硬质热塑性塑料和热固性塑料常用 M 标尺，即 HRM。

③ 邵氏硬度常用于聚合物和弹性塑料（性能类似橡胶的塑料）硬度的测试。邵氏硬度试验是以一定重量的冲头，从一定高度自由下落到试样表面上。冲头的动能一部分消耗于试样表面的塑性变形，另一部分则以弹性变形方式瞬间储存在试样内。当后一部分能量重新释放出来时，会使冲头回跳。邵氏硬度大小与回跳高度成正比，回跳得越高，硬度越大，即把回跳高度作为硬度的量度。邵氏硬度符号用 HS（简略为 H）表示。邵氏硬度计有三种类型，即 A 型、C 型和 D 型。A 型适用于软质塑料，C 型、D 型适用于半硬质或硬质塑料。在一般情况下，用 A 型测定塑料硬度值超过 95% 时则改用 D 型；当 D 型硬度值超过 95% 后，则用布氏或洛氏硬度方法测定。

（2）强度、刚度、塑性和韧性

各种塑料的力学性能差异很大。由于高分子链之间是范德瓦尔斯键或氢键，其结合键强度要比金属键低两个数量级。因此与金属相比，塑料的强度、刚度、韧性比较低，但塑性较好。例如，45 号钢，其 σ_b 约为 600MPa，而塑料仅为其（1/12）~（1/6）；塑料的弹性模量 E 为金属的（1/40）~（1/20），冲击韧性仅约为金属材料 1/100。塑料的微观结构中存在各类缺陷，因此它的实际强度值远低于其可能达到的理论强度值。例如，目前工程塑料已达到的抗拉强度（σ_b）值仅为它的理论强度值的（1/1000）~（1/100），这说明提高塑料的强度潜力很大。工程塑料的各种强度指标及冲击韧性实际值大致如下。

① 抗拉强度：热塑性塑料的抗拉强度一般为 50 ~ 100MPa，热固性塑料的抗拉强度一般为 30 ~ 60MPa。

② 抗压强度：热塑性塑料的抗压强度一般为 5 ~ 100MPa，热固性塑料的抗压强度一般为 70 ~ 280MPa。

③ 抗弯强度：热塑性塑料中，聚甲醛的抗弯强度为 90 ~ 98MPa，尼龙可为 210MPa，热固性塑料为 50 ~ 150MPa。

④ 抗剪强度：抗剪强度是衡量塑料薄膜或板材强度性能的重要指标。工程塑料抗剪强度一般为 80 ~ 170MPa。

⑤ 疲劳强度：随着塑料在机械工程上的应用日益广泛，承受交变载荷的工程塑料零件越来越多，因此测定疲劳强度这个性能指标对于塑料应用是十分重要的。聚碳酸酯、聚砜等热塑性塑料的疲劳强度只有静态抗拉强度的 10% ~ 20%，而聚甲醛等少数塑料则高达 50%，多数塑料为 20% ~ 35%。

⑥ 冲击韧性：一般塑料较金属脆，在塑料制品中有缺口的比没有缺口的冲击韧性有明显下降。因此在设计塑料结构零件时，应尽量使其不带缺口。热塑性塑料的冲击韧性一般为 2 ~ 15kJ/m^2（带缺口），而热固性塑料的冲击韧性较低，为 0.5 ~ 5kJ/m^2（带缺口）。另外需指出，虽然高分子材料塑性较好，但它受力同样大的力后较金属变形较大。例如，大多数金属材料的屈服应变约为 0.01，甚至更小，而高分子材料可达 0.20 以上。

力学性能低，特别是强度低是塑料用作工程结构件使用的主要问题之一。但是由于塑料的密度小，所以它的比强度、比模量还是很高的，因而有利于制造要求减轻自重的各种结构零件。例如可以代替某些有色金属和合金钢制作机械零件或结构件。塑料强度与塑料的大分子链的分子量、结构以及结晶度等有关。塑料的大分子链的分子量越大，分子链就越长。高聚物的一些力学性能，如抗拉强度、冲击韧性、弹性模量、硬度等，都随分子量的增加而增加。

例如，聚乙烯的分子量为5000左右时，只能做润滑剂和涂料；分子量为10万~20万时，可做包装材料；当分子量大于100万时，具有较高的强度，可做工程结构材料。如前所述，结晶度对高分子材料的力学性能也有很大的影响，结晶度高的高分子材料具有较高的强度、硬度和弹性模量，但伸长率相对低一些。此外对高分子材料进行改性，可以明显提高其强度和其他力学性能。

材料的强度和塑性高时，韧性才可能提高。高分子材料的塑性相对较好，因此在非金属材料中，它的韧性还是比较好的。但是，由于它的强度低，其冲击韧性比金属小得多。为了提高高分子材料的冲击韧性，可提高它的强度或塑性。例如采用橡胶与塑料机械共混，得到所谓的橡胶塑料，可提高伸长率，使冲击韧性大幅度提高。这里顺便指出，高分子材料没有加工硬化现象，但温度对它的力学性能有很大的影响。温度稍有不同，它的强度、塑性等力学性能就有很大的差异。对于非金属机械零件，因非金属材料的性能受温度、光、水、油等的影响很大，故还需注意其工作环境。例如，有机玻璃（聚甲基丙烯酸甲酯）由20℃升高到60℃时就从弹性模量较高的脆性断裂转变为弹性模量低的塑性断裂。

（3）减摩性、耐磨性

塑料的减摩性和耐磨性远优于金属。与金属一样，可在磨损机上测试。例如多数塑料具有自润滑性，不仅摩擦系数低（大多数塑料对金属和对塑料的摩擦系数在0.2 ~ 0.5范围内），而且磨损率低，是制造耐磨件的好材料。这对于难以采用人工润滑条件下工作的摩擦零件尤为可贵。用工程塑料制作的轴承、活塞环、导轨抗磨层、叶片、叶轮和凸轮、齿轮等，在机械工程上获得了广泛应用。塑料的力学性能除了上面介绍的内容外，还有蠕变、应力松弛和滞后热效应等，它们是设计塑料结构件的重要依据。

3.4.3 化学性能

一般塑料具有良好的化学稳定性，它们耐酸、碱、大气等介质的腐蚀。尤其是被誉为“塑料王”的聚四氟乙烯，不仅耐强酸、强碱等强腐蚀剂，而且在沸腾的王水中也很稳定。但聚酯、聚酰胺一类塑料，在酸碱作用下会发生水解，使用时应给予注意。

/ 3.5 / 产品设计中常用的塑料

3.5.1 聚氯乙烯

聚氯乙烯（PVC）是一种白色或微黄色粉末状固体树脂，本身无毒、无臭，呈线形、无定形结构，密度为 1.35 ~ 1.46g/cm^3。聚氯乙烯与聚乙烯相比，分子链中引入了极性基团（—Cl）成为极性高聚物。分子间的次价力比聚乙烯强，因此聚氯乙烯的机械强度较高，刚性较大，介电常数和介电损耗也较高，虽不宜作高频介质材料，但电绝缘性能仍较好。聚氯乙烯的化学稳定性好，能耐大多数酸和碱，不溶于水、酒精和汽油，但能溶于部分有机溶剂，最好的溶剂是四氢呋喃和环已酮。聚氯乙烯分子中由于氯原子的存在，具有阻燃性，离开火焰即灭。聚氯乙烯的主要缺点是热稳定性差，在 75 ~ 80℃开始软化，超过 150℃就能放出 HCl 而引起降解，若超过 180℃，则加速分解。分解过程中形成双键，造成聚氯乙烯变色。

根据增塑剂用量的不同，可将聚氯乙烯塑料分为硬质聚氯乙烯（其增塑剂用量为树脂量的 0 ~ 10%）和软质聚氯乙烯（其增塑剂用量为树脂量的 30% ~ 70%）。硬质聚氯乙烯可用于工业管道系统（图 3-1）、给排水系统、槽罐以及门窗、电线导管、地板、家具等建筑防火用材。此外还可用于制作化工防腐设备和各种机械零部件，以代替不锈钢及其他贵重材料。软质聚氯乙烯主要用于生产各种薄膜、人造革、地板胶、墙纸、电线电缆的绝缘层以及生活用品（图 3-2）。

图 3-1 PVC 管材

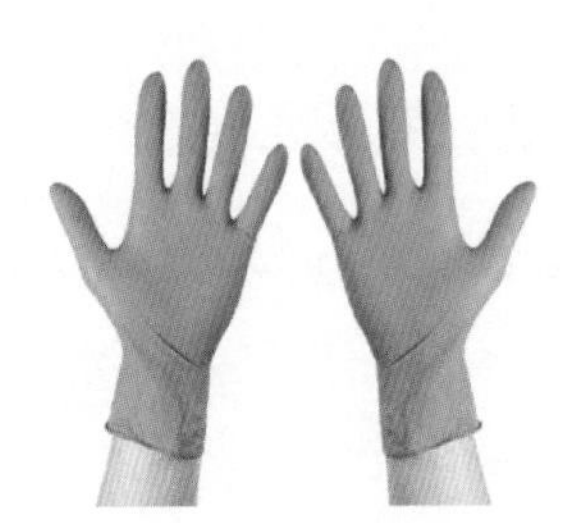

图 3-2 PVC 一次性手套

3.5.2 聚丙烯

聚丙烯（PP）是由丙烯经聚合反应制得的高聚物。尽管聚丙烯工业化生产较晚，但由于原料易得，价格低廉，性能优良，用途广泛，近年来已成为世界塑料工业生产中发展速度最快的品种。

目前所生产的聚丙烯中 95% 都是等规聚丙烯，等规聚丙烯易于结晶，结晶度一般为 30% ~ 70%。结晶度越高，密度越大。聚丙烯是无臭、无味、无毒的白色蜡状塑料，外观似聚乙烯，但比聚乙烯更透明、更轻，密度为 0.90 ~ 0.91g/cm^3，是通用树脂中最轻的一种。聚丙烯具有较好的力学性能，其强度和刚度均优于高密度聚乙烯；耐热性良好，连续使用温度可达 110 ~ 120℃；化学稳定性好，除强氧化剂外与大多数化学品不发生作用，既不溶于水；也不吸水；电绝缘性能好。

聚丙烯的缺点是耐寒性差，最低使用温度仅为 - 15 ~ - 20℃，低温下抗冲击性能差，易脆；易老化，特别是对紫外线照射很敏感。聚丙烯可以通过挤出、注射、吹塑成型各种部件，其中注射制品占绝大部分，薄膜、纤维次之。聚丙烯可用于汽车及各种机械零部件，如车门、蓄电池壳、方向盘、齿轮、接头、泵叶轮等，以及家用电器部件、家具、化工管道、容器、设备衬里、绳缆和渔网等（图 3-3 和图 3-4）。

图 3-3　PP 婴儿奶瓶

图 3-4　PP 垃圾箱

3.5.3　聚苯乙烯

聚苯乙烯（PS）是苯乙烯的均聚物，主要采用本体法和悬浮法聚合制得。聚苯乙烯塑料质轻，表面硬度高，透明性好，有光泽，易着色，具有优良的电绝缘性、耐化学品腐蚀性和低吸湿性。制品尺寸稳定，具有一定的机械强度，但质脆易裂，抗冲击性差，耐热性差。可通过改性处理，改善其性能，如高抗冲聚苯乙烯（HIPS）、ABS、AS 等。PS 的加工性好，可用注射、挤出、吹塑等方法加工成型。主要用于制造餐具、包装容器、玩具、家用电器外壳、汽车灯罩及各种模型材料、装饰材料等。聚苯乙烯经发泡处理后可制成泡沫塑料（图 3-5 和图 3-6）。

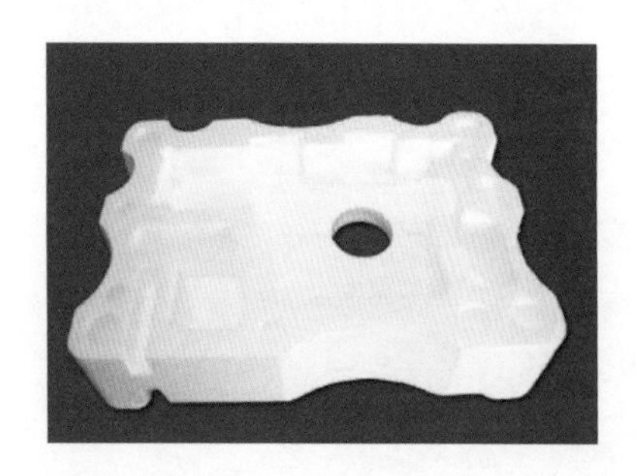

图 3-5　PS 发泡塑料包装

图 3-6　外墙保温防晒隔热防火阻燃聚苯乙烯保温雕花板

3.5.4 聚甲基丙烯酸甲酯

聚甲基丙烯酸甲酯（PMMA）俗称有机玻璃，密度小（1.18g/cm^3），度透明高，透光率为 92%，比普通玻璃透光率（88%）还高，具有高强度和韧性，不易破碎，耐紫外线和大气老化，易于成型加工。但其硬度不如普通玻璃高，耐磨性差，易溶于极性有机溶剂，耐热性差，一般使用温度不超过 80℃，导热性差，线胀系数大。有机玻璃主要用于制作有一定透明度和强度要求的零件，如飞机座舱盖、窗玻璃、仪表外壳、灯罩、光学镜片、汽车风挡等。由于其着色性好，也常用于各种装饰品和生活用品（图 3-7 和图 3-8）。

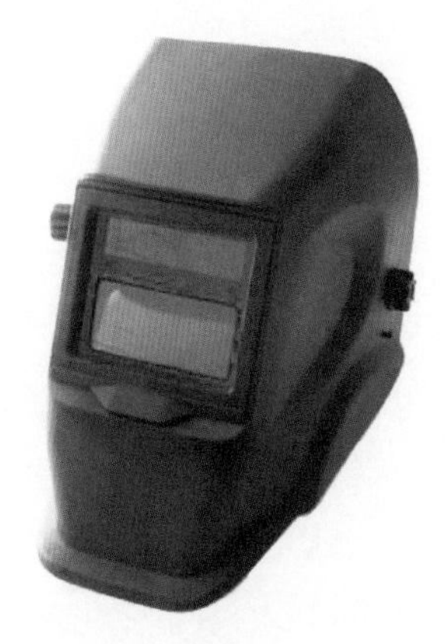

图 3-7 PMMA 观察窗

图 3-8 PMMA 展示柜

3.5.5 聚乙烯

聚乙烯（PE）是由单体乙烯经加聚反应聚合而成的高聚物。聚乙烯是白色蜡状半透明固体，无味、无臭、无毒，柔而韧，比水轻。聚乙烯结构中仅有 C、H 两种元素，无极性基团，属非极性高聚物，因而有优异的电绝缘性能，吸水率极低。聚乙烯的耐热性不高，其使用温度不超过 100℃，易燃；抗老化性能较差，特别是受到光、热、氧作用时更易老化。因此，在加工成型时常需要加入各种防老剂。

目前，我国主要采用高压法和低压法生产聚乙烯。由于聚乙烯的产量大，且各方面性能比较优异，可以通过吹塑、挤出和注射成型，因此应用十分广泛。低密度聚乙烯主要用作各种薄膜和软质包装材料（图 3-9）；此外，还用于层压纸、压层板、电线电缆绝缘层以及日用制品等。高密度聚乙烯则适用于作硬质包装材料、化工设备、储槽、管道、阀门、衬套、高频水底电缆绝缘层、板材和各种异型材等，并可制作小负荷齿轮、轴承等机械零件。聚乙烯制品突出的缺点是耐热温度低和易燃烧。为克服这些缺点，可采用改性方法弥补。

图 3-9　PE 食品保鲜膜

3.5.6　聚酰胺

聚酰胺（PA）商品名称为尼龙或锦纶，它是以线型晶态聚酰胺树脂为基的塑料，是最早发现的能承受载荷的热塑性塑料，也是目前机械工业中应用较广泛的一种工程塑料。尼龙具有较高的强度和韧性，低的摩擦系数，有自润滑性，其耐磨性比青铜还好。适于制造耐磨的机器零件，如齿轮、涡轮、轴承、凸轮、密封圈、耐磨轴套、导板等。但尼龙吸水性较大，影响尺寸稳定性。长期使用的工作温度一般在 100℃以下，当承受较大载荷时，使用温度应降低。

尼龙的发展很快，有几十个品种。常用的有尼龙 6、尼龙 66、尼龙 610、尼龙 1010 等。尼龙后面的数字代表链节中碳原子数量。如尼龙 6 表示由含 6 个碳原子的己内酰胺聚合而成；尼龙 610 表示由两种低分子化合物即含 6 个碳原子的己二胺与含 10 个碳原子的癸二酸缩合而成。尼龙 1010 是我国独创的一种工程塑料，以蓖麻油原料，提取癸二胺及癸二酸再聚合而成的。尼龙的成本低、经济效果好，它的特点是自润滑性和耐磨性极好，耐油性好，玻璃化转变温度低（约在 − 60℃），机械强度高，广泛用于机械零件和化工、电气零件（图 3-10 和图 3-11）。铸造尼龙（MC 尼龙）也称单体浇铸尼龙，是用己内酰

图 3-10　PA 的润滑性应用

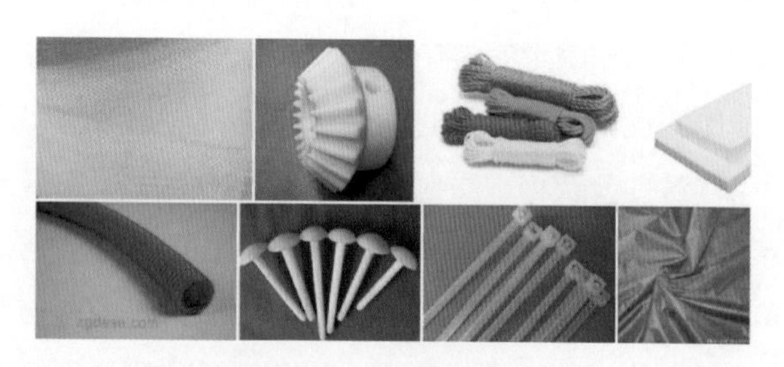

图 3-11　PA 的应用

胺单体在强碱催化剂（如 NaOH ）和一些助催化剂作用下，用模具直接聚合成型得到制品的毛坯件，由于把聚合和成型过程合在一起，因而成型方便、设备投资少，并易于制造大型机器零件。它的力学性能和物理性能都比尼龙 6 高，可制作几十千克的齿轮、涡轮、轴承和导轨等。芳香尼龙是由芳香胺和芳香酸聚合而成的。具有耐磨、耐热、耐辐射和突出的电绝缘性能，在 95% 相对湿度下不受影响，能在温度 200℃下长期工作，是尼龙中耐热性最好的一种，可用于在高温下的耐磨零件和绝缘材料。

3.5.7 聚碳酸酯

聚碳酸酯（PC）是以线型部分晶态聚碳酸酯树脂为基的塑料，它具有优异的冲击韧度和尺寸稳定性，较好的耐低温性能，使用温度范围为 - 100 ~ 130℃，良好的绝缘性和加工成型性。聚碳酸酯透明，具有高透光率，加入染色剂可染成色彩鲜艳的装饰塑料。缺点是化学稳定性差，易受碱、胺、酮、酯、芳香烃的侵蚀，在四氯化碳中会发生应力开裂现象。聚碳酸酯的用途十分广泛，可作机械零件，如齿轮、齿条、涡轮和仪表零件及外壳，利用其透明性可以作防弹玻璃、灯罩、防护面罩、安全帽、机器防护罩及其他高级绝缘零件（图 3-12）。

图 3-12　PC 材料的广泛应用

3.5.8 聚甲醛

聚甲醛（POM）是继尼龙之后，1959 年投入工业生产的一种高强度工程塑料。它是没有侧基、高密度、高结晶性的线型聚合物，是以聚甲醛树脂为基的塑料，结晶度约为 75%，有明显的熔点（180℃）。聚甲醛的耐疲劳性在所有热塑性塑料中是最高的，其弹性模量高于尼龙 66、ABS、聚碳酸酯，同时具有优良的耐磨性和自润滑性，对金属的摩擦系数小。此外，还有好的耐水、耐油、耐化学品腐蚀和绝缘性。缺点是热稳定性差、易燃，长期在大气中暴晒会老化。

聚甲醛塑料价格低廉，且综合性能好，故可代替有色金属及合金，并逐步取代尼龙制作各种机器零件，尤其适于制造不允许使用润滑油的齿轮、轴承和衬套等（图 3-13），工业上应用日益广泛。

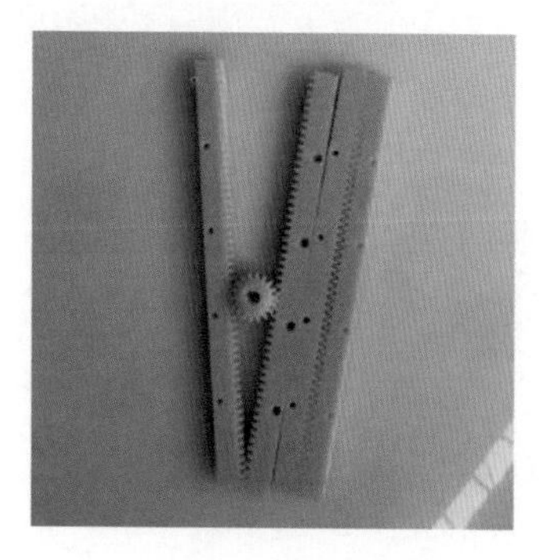

图 3-13　POM 模型

3.5.9　丙烯腈 - 丁二烯 - 苯乙烯塑料

丙烯腈 - 丁二烯 - 苯乙烯（ABS）塑料是以丙烯腈（A）- 丁二烯（B）- 苯乙烯（S）三元共聚物树脂为基的塑料，因此兼有三种组元的特性。聚丙烯腈具有高的硬度和强度，耐油性和耐蚀性好；聚丁二烯具有高的弹性、韧性和耐冲击性的特性；聚苯乙烯具有良好的绝缘性、着色性和成型加工性。上述特性使 ABS 塑料成为一种“质坚、性韧、刚性大”的优良工程塑料。缺点是耐高温、耐低温性能差，易燃，不透明。在 ABS 树脂生产中三种组元的配比可以调配，树脂的性能也随成分的改变而变化，因而可以制成各种品级的 ABS 树脂，适应不同需求。ABS 塑料在工业中的应用极为广泛，如制作收音机、电视机及其他通信装置的外壳，汽车的方向盘、仪表盘，机械中的手柄、齿轮、泵叶轮，各类容器、管道、飞机舱内装饰板、窗框、隔音板等（图 3-14 和图 3-15）。

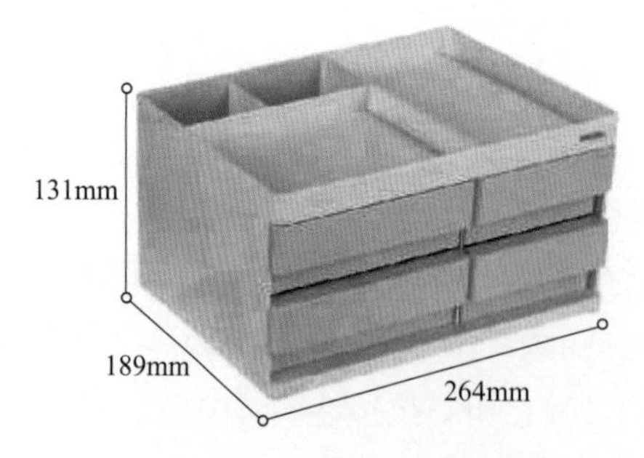

图 3-14　ABS 制作的收纳盒

图 3-15　ABS 制作的椅子

/ 3.6 / 塑料的成型工艺

塑料的成型加工是指将各种形态（粉状、粒状、溶液或分散体）的塑料原料（图 3–16 和图 3–17）和添加剂，通过相关的成型设备，在一定的工艺条件下，制成所需形状的制品或坯件的过程，是塑料制品生产的关键环节。此过程是使塑料成为具有实用价值制品的重要环节。塑料制件的生产工艺过程为：预处理→成型→机械加工→表面处理→装配（连接）。通常将塑料成型后的机械加工、表面处理、装配等工序称为塑料的二次加工。

图 3–16　粒状塑料原料

图 3–17　粉状塑料原料

塑料成型的工艺方法很多，常用的塑料成型方法有注射成型、挤出成型、吹塑成型、压延成型、模压成型、滚塑成型等。在生产过程中对于塑料成型工艺的选择主要取决于塑料的类型（热塑性还是热固性）、起始形态以及制品的外观、形状和尺寸精度、工艺成本等。如加工热塑性塑料常用的方法有注射、挤出、吹塑、压延成型等，加工热固性塑料一般采用压制、注射成型等。

3.6.1　注射成型工艺

注射成型又称注塑成型，是目前塑料加工中最普遍采用的方法之一，除用于热塑性塑料成型外，近年来，也用于部分热固性塑料的成型加工。注射成型生产效率高、易于实现机械化和自动化，并能制造外形复杂、尺寸精确的塑料制品，60% ~ 70% 的塑料制件用此方法生产。注塑机（图 3–18）是注射成型的主要设备。

图 3–18　注塑机

一个完整的注射成型工艺过程应包括成型前的准备、注射成型过程、塑件的后处理三个过程。注射成型生产工艺流程如图 3-19 所示。

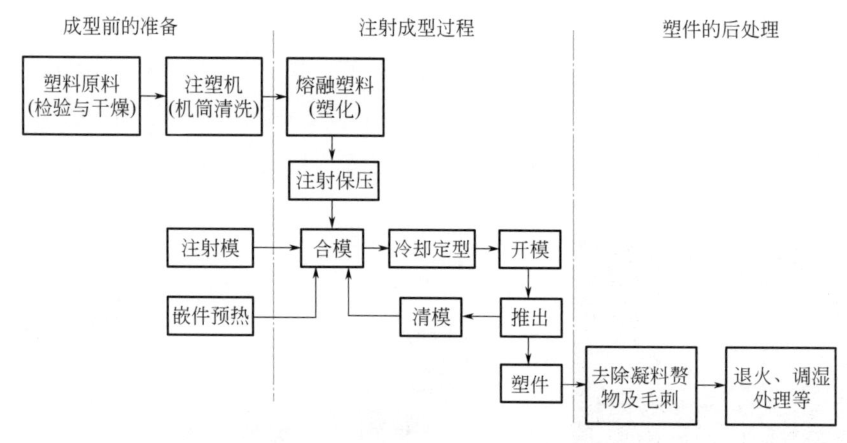

图 3-19　注射成型生产工艺流程

（1）成型前的准备

为使注射成型过程顺利进行和保证塑件质量，成型前应该对所用塑料原料和设备做好准备工作。

① 检验塑料原料的色泽、颗粒大小、均匀性等；测定塑料的工艺性能；如果来料是粉料，则有时还需要对其进行染色和造粒；对易吸湿的塑料进行充分的干燥和预热。

② 对料筒进行清洗或拆换。

③ 塑件带有金属嵌件时，应对嵌件进行预热，防止嵌件周围产生过大的内应力。

④ 对于脱模困难的塑件，要选择合适的脱模剂。脱模剂是使塑料制件容易从模具中脱出而覆在模具表面的一种助剂。常用的脱模剂有硬脂酸锌、液体石蜡、硅油等。

（2）注射成型过程

注射成型过程包括加料、塑化、注射、脱模等几个步骤。

首先将准备好的塑料原料加入注塑机的料斗，然后送进加热的料筒中，经过加热熔融塑化成黏流态塑料，在注塑机的柱塞或螺杆的高压推动下经喷嘴压入模具型腔，塑料充满型腔后，需要保压一定时间，使塑件在型腔中冷却、硬化、定型，压力撤销后开模，利用注塑机的顶出机构使塑件脱模，最后取出塑件（图 3-20）。这样就完成了一次注射成型工作循环，以后是不断重复上述周期的生产过程。

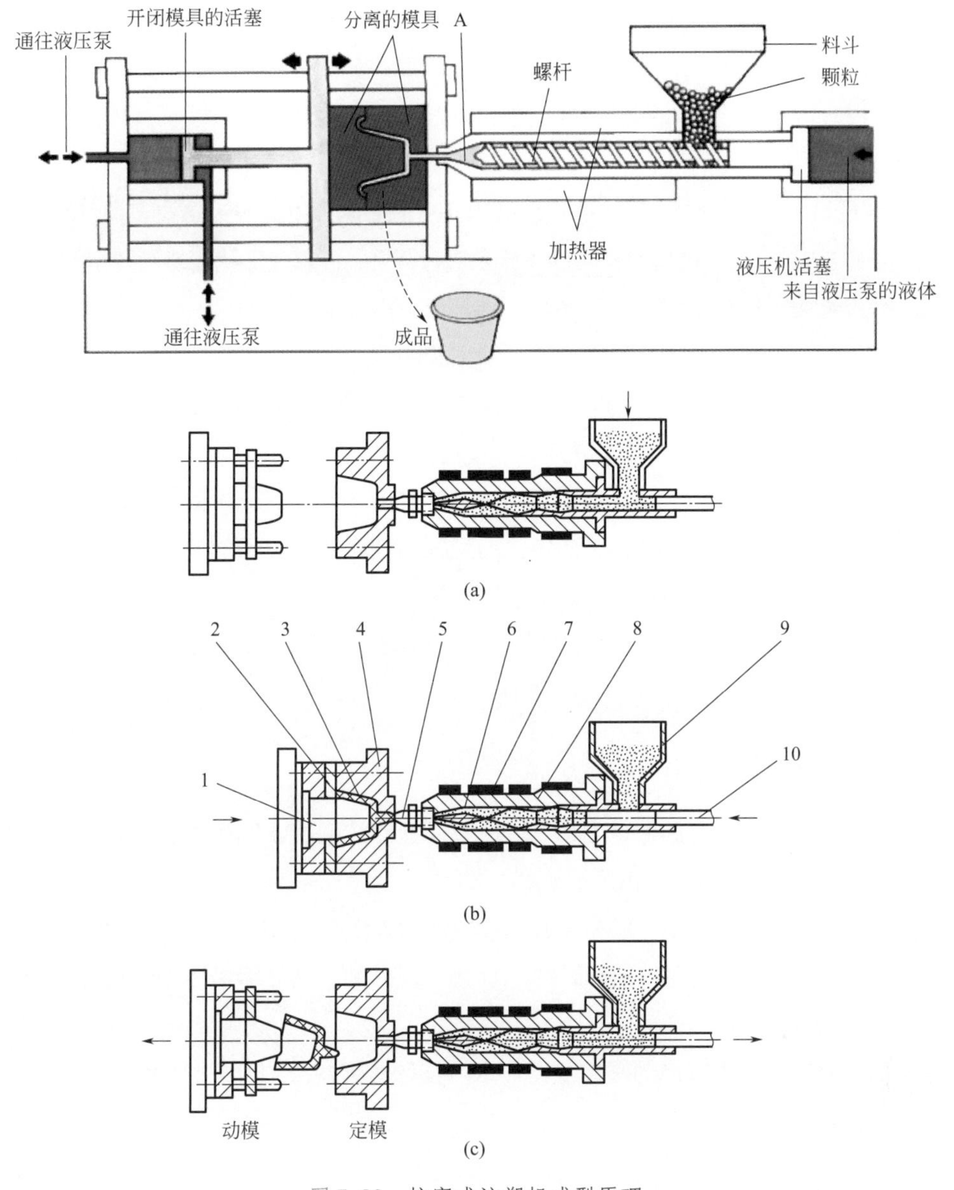

图 3-20　柱塞式注塑机成型原理

1—型芯；2—推件板；3—塑件；4—凹模；5—喷嘴；6—分流梭；7—加热器；8—料筒；9—料斗；10—柱塞

塑化是指颗粒状塑料在注塑机料筒中经过加热达到黏流状态并且具有良好可塑性的过程。对塑料的塑化要求是：塑料熔体在进入型腔之前，既要达到规定的成型温度，又要在规定的时间内提供足够量的熔融塑料，塑化料各处的温度尽量均匀一致，不发生或极少发生热分解以确保生产的顺利进行。螺杆式注塑机对塑料的塑化比柱塞式注塑机好得多。

无论何种形式的注塑机，注射过程均可分为充模、保压、倒流、浇口冻结后的冷却和脱模五个阶段。

① 充模阶段：从柱塞或螺杆开始向前移动起，到塑料熔体经过喷嘴及模具浇注系统充满型腔时为止。

② 保压阶段：塑料熔体充满型腔后，熔体开始冷却收缩，但柱塞或螺杆继续保持施压状态，料筒内的熔料会向模具型腔内继续流入进行补缩，以形成形状完整而致密的塑件。

③ 倒流阶段：从柱塞或螺杆开始后退保压结束时开始，这时型腔内的压力比流道内的高，因此会发生塑料熔体的倒流，从而使型腔内的压力迅速下降，直到浇口处熔料冻结倒流才结束。如果保压结束之前浇口已经冻结或者在喷嘴中装有止逆阀，则倒流阶段就不会存在。

④ 浇口冻结后的冷却：从浇口的塑料完全冻结时开始，这一阶段型腔内塑料继续进行冷却，没有塑料从浇口处流进或流出，但型腔内还可能有少量的流动。应该指出，塑料从注入型腔后即被冷却，直至脱模时为止。

⑤ 脱模：塑件冷却到一定温度后开模，在推出机构的作用下将塑料制件推出模外的过程。

（3）塑件的后处理

为了改善和提高塑件的性能及尺寸稳定性，塑件经脱模或机械加工后应进行适当的后处理。后处理主要是指退火和调湿处理。

① 退火处理：将塑料制件放在定温的加热液体介质中（如热水、热的矿物油、甘油、乙二醇和液体石蜡）或热空气循环烘箱中静置一段时间，然后缓慢冷却的过程。目的是减少或消除塑件的内应力。

② 调湿处理：将刚脱模的塑件浸泡在水中或醋酸钾溶液中，同时加快达到吸湿平衡的一种后处理方法。

（4）注射成型的特点

注射成型是塑料模塑成型的一种重要方法，生产中已广泛应用。它具有以下几方面的特点。

① 成型周期短，能一次成型外形复杂、尺寸精确、带有金属或非金属嵌件的塑件（图 3-21 和图 3-22）。

② 对成型各种塑料的适应性强。目前，除氟塑料外，几乎所有的热塑性塑料都可用此种方法成型，某些热固性塑料也可采用注射成型。

③ 生产效率高，易于实现自动化生产。

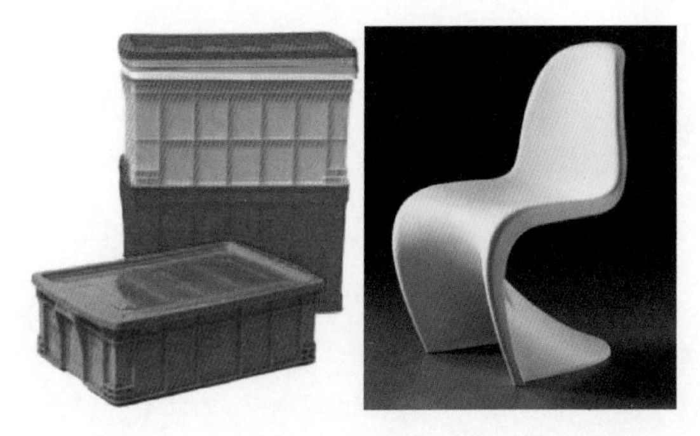

图 3-21　一次性注射成型的塑料制品

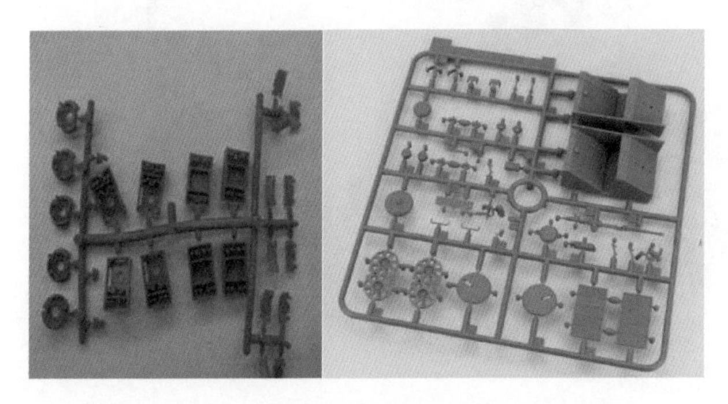

图 3-22　塑料注射模中零件分布

④ 注射成型所需设备昂贵，模具结构比较复杂，制造成本高，所以注射成型特别适合大批量生产（图 3-23 和图 3-24）。

图 3-23　注射成型的垃圾桶及其模具

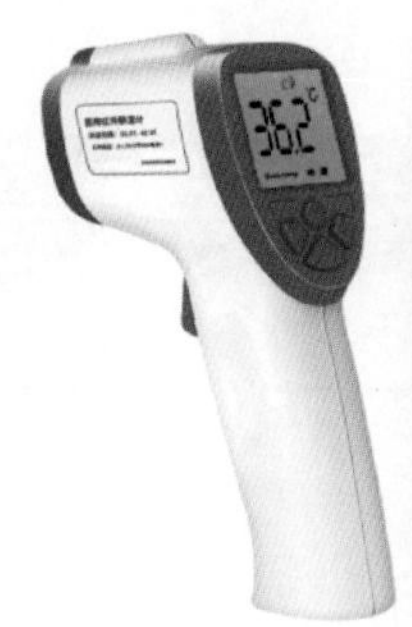

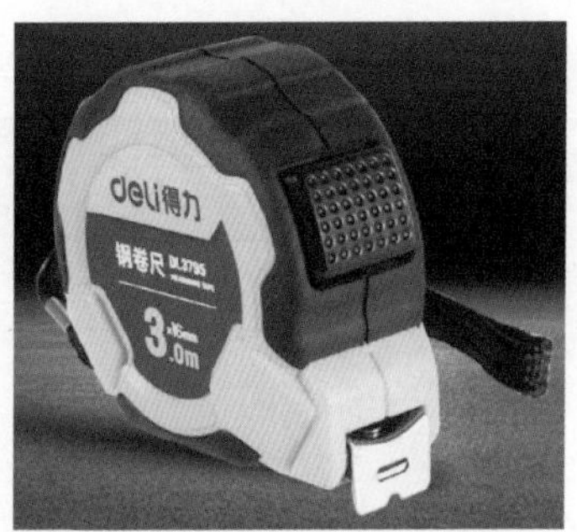

图 3-24　双色注射成型的塑料制品

3.6.2　挤出成型工艺

挤出成型工艺也称为挤塑成型，它在热塑性塑料制品的成型中占有很重要的地位，主要用于生产横截面一定的连续型材，如棒、管、板、丝、薄膜、包覆电线电缆以及各种异形型材等，也是中空成型的主要制坯方法。

挤出成型的生产线由挤出机（图 3-25 和图 3-26）、挤出模具（图 3-27）、牵引装置、冷却定型装置、卷料或切割装置、控制系统组成。挤出成型时，首先将颗粒状或粉状塑料从挤出机的料斗送进料筒中，在旋转的挤出机螺杆的作用下向前输送，同时塑料受到料筒的传热和螺杆对塑料的剪切摩擦热的作用而逐渐熔融塑化，在挤出机的前端装有挤出模具（又称机头或口模），塑料在通过挤出模具时形成所需形状的制件，再经过一系列辅助装置（定型、冷却、牵引和切断等装置），从而得到等截面的塑料型材。如果在挤出机头芯部穿入金属导线，挤出制品即为塑料包覆电线或电缆。

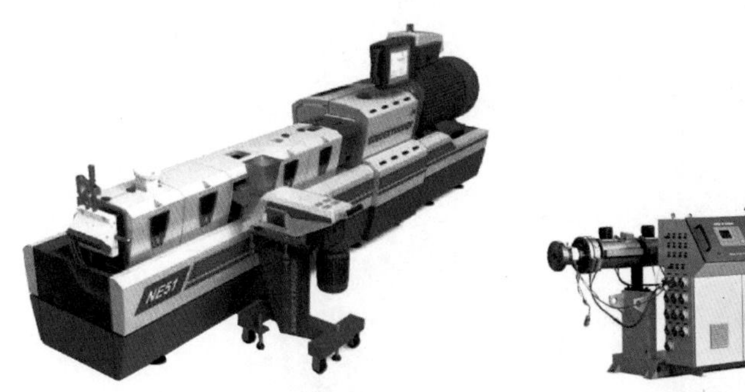

图 3-25 挤出机

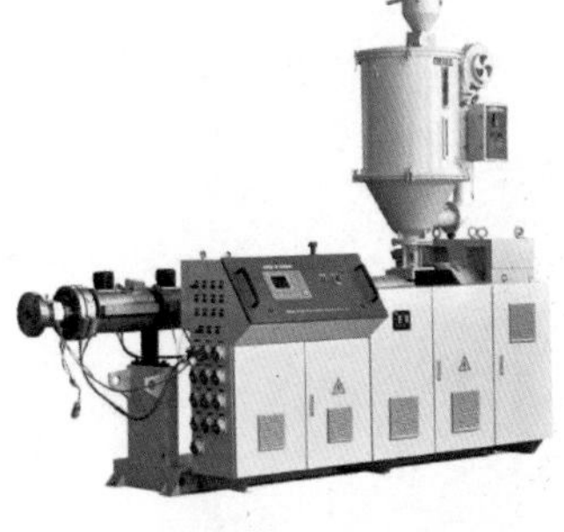

图 3-26 塑料管材挤出机

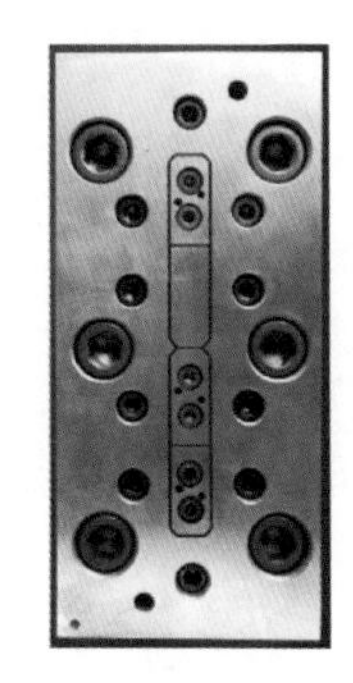

图 3-27 挤出模具

挤出成型工艺过程可分为原料的准备、塑化、挤出成型、定型和冷却等几个步骤，其原理如图 3-28 所示。

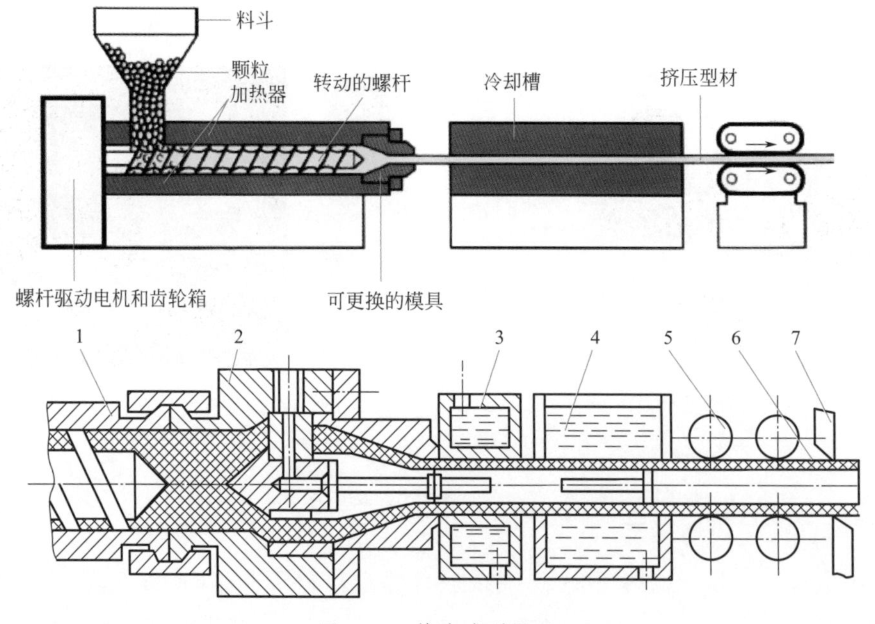

图 3-28 挤出成型原理

1—挤出机料筒；2—机头；3—定径装置；4—冷却装置；5—牵引装置；6—塑料管；7—切割装置

（1）原料的准备

为了使挤出过程能顺利进行，并保证塑件的质量，在成型前对塑料原料应进行严格的外观检验和工艺性能测定，对于易吸湿塑料还要进行预热和干燥处理，将原料的水分控制在 0.5% 以下。此外，在准备阶段还应尽可能除去塑料中的杂质。

（2）塑化、挤出成型

挤出成型工艺根据塑化方法不同可分为干法和湿法两种。干法是指塑料原料在挤出机的机筒中加热和螺杆的旋转压实混合作用下变成黏流态，塑化和加压可在同一设备内进行。湿法是指固体塑料在机外溶解于有机溶剂中而成为黏流态物质，然后加入挤出机的料斗中，因此塑化和加压是两个独立的过程。

通常采用干法塑化方式。采用螺杆式挤出机进行挤出时，料筒中的塑料借助外加热（湿法挤出不需加热）和螺杆旋转产生的剪切摩擦热熔融塑化，同时熔料受螺杆的搅拌而均匀分散，并不断向前推挤，迫使塑料经过过滤板和过滤网，由螺旋运动变成直线运动，最后由机头成型为口模截面形状的连续型材。

（3）定型和冷却

塑件在离开机头口模以后，应立即进行定型和冷却，否则塑件在自重的作用下会出现凹陷、扭曲等变形缺陷。管材挤出成型时采用的定型方法有外径定型和内径定型两种，不管哪种方法都是使管坯内外形成一定的压力差，使管坯紧贴在定径套上而冷却定型。由于外径定型结构较简单，操作也方便，所以我国目前普遍采用。挤出板材或片材时，则通过若干对压辊进行压平。

常用的冷却装置有冷却水槽和冷冻空气装置。冷却速率对塑件性能的影响很大，如聚苯乙烯、低密度聚乙烯和硬聚氯乙烯等硬质塑件冷却快时很容易造成残余内应力，并影响塑件的外观质量。实际中可采用冷却水流动方向与挤出方向相反的方式，这样型材冷却比较缓慢，内应力也较小，还可提高塑件的外观质量。软质或结晶型塑料则要求及时冷却，以免塑件变形。

（4）塑件的牵引、卷取和切割

塑件从机头口模挤出后，一般都会因压力解除而发生膨胀现象，而冷却后又会发生收缩现象，从而使塑件的形状和尺寸发生变化，同时塑件又被连续不断地挤出，如果不加以引导，会造成塑件停滞而影响塑件的顺利挤出，因此塑件在挤出冷却时应该将塑件连续均匀地引出，这就是牵引。牵引是由牵引装置来完成的。通过牵引的塑件可根据使用要求在切割装置上裁剪，或在卷取装置上绕制成卷。

（5）挤出成型特点

① 挤出成型所用设备结构简单、操作方便，另外占地面积少，环境清洁。

② 可以连续化生产，效率高、投资少、成本低。

③ 模具结构也较简单，制造维修方便。

④ 挤出成型塑件的内部组织均衡致密，尺寸比较稳定。

⑤ 挤出成型适应性强，除氟塑料外，几乎所有的热塑性塑料都可采用此方法成型，部分热固性塑料也可以采用挤出成型（图 3-29）。

3.6.3 吹塑成型工艺

吹塑成型工艺是制造塑料中空制品或薄膜、薄片等的成型方法。由于成型过程中塑料通常都处于熔点或流动温度以下的“半熔融”类橡胶状态，因此吹塑成型仅适用于热塑性工程塑料的成型。吹塑模具示意如图 3-30 所示。

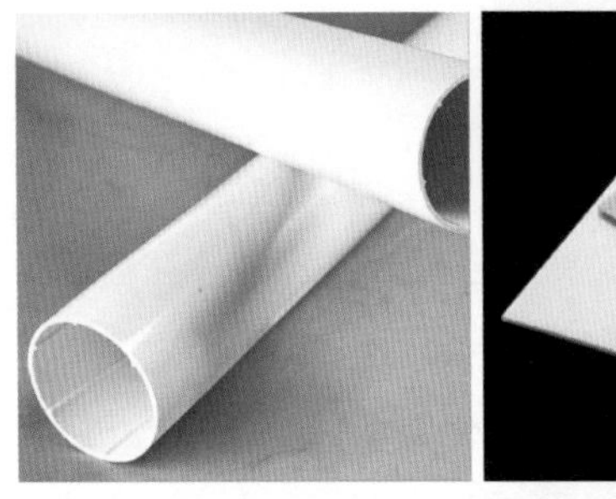

图 3-29 挤出成型的管材和板材

图 3-30 吹塑模具示意

吹塑成型的过程按制品的种类略有不同。制造塑料中空制品时，将从挤出机预先挤出的管状坯料置于两半组合的模具中加热化，切割成两端封闭的小段，把压缩空气吹进管芯，使坯料胀大到紧贴模壁，冷却脱模后即可得到瓶、桶、圆球等形状的中空制品

（图 3-31 和图 3-32）。

图 3-31　中空吹塑成型制品

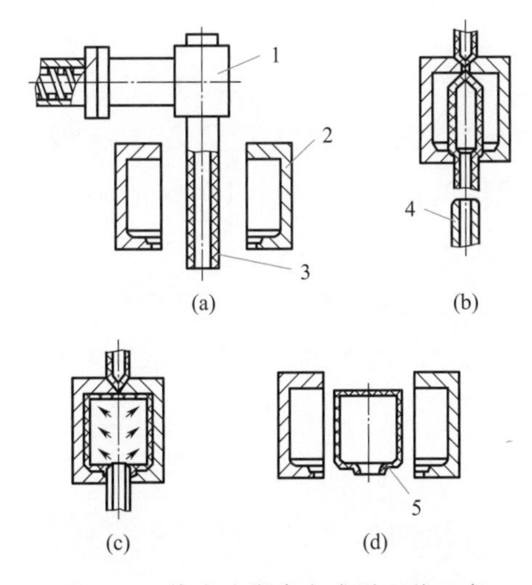

图 3-32　挤出吹塑中空成型工艺示意

1—挤出机头；2—吹塑模；3—管状型坯；4—压缩空气吹管；5—塑件

吹塑薄膜（图 3-33）可以看作是管材挤出成型的继续。将连续从挤出机挤出的管状坯料，在机头引入压缩空气，使管子扩大成为极薄的圆筒，经过一系列导辊卷曲装置，然后加工成袋状制品或剖开成为薄膜。为提高薄膜的强度，需要再在单向或双向拉伸机上在一定温度下进行拉伸，使大分子排列整齐，然后在拉紧状态下冷却定型。聚乙烯系聚合物（如低密度聚乙烯、线性低密度聚乙烯、高密度聚乙烯等）是吹塑薄膜工业中使用最广泛的聚合物。吹膜法有上吹法、下吹法和平吹法，以上吹法应用最为广泛。上吹法工艺流程如图 3-34 所示。

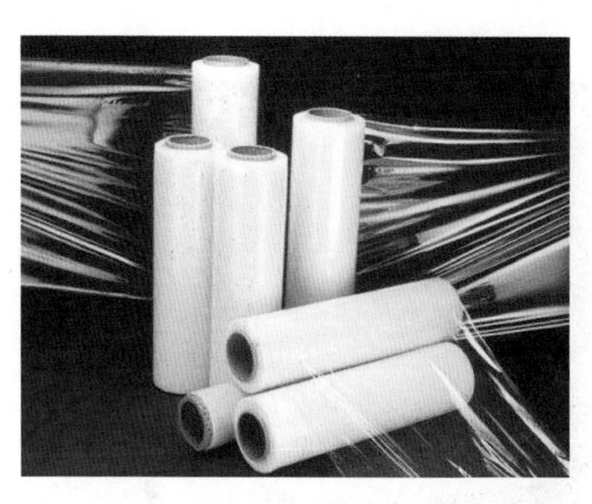

图 3-33　塑料薄膜

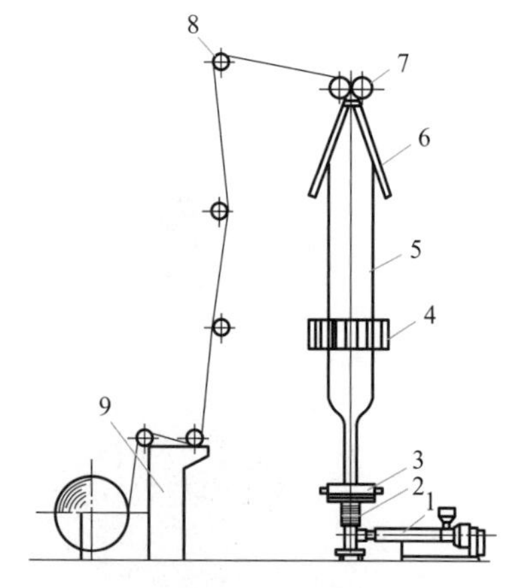

图 3-34　上吹法工艺流程

1—挤出机；2—模具；3—风环；4—定型框；
5—膜管；6—人字板；7—牵引辊；8—导辊；9—卷取机

近年来还发展了多层吹塑成型和拉伸吹塑成型工艺（图 3-35）。多层吹塑成型用于制造 2 ~ 5 层的多层容器，采用多层、多品种塑料组成容器壁，以解决内部介质的阻透问题。拉伸吹塑成型具有壁薄、省料且强韧的优点，又可分为冷型坯法和热型坯法两种，目前已大量用于 PET 瓶的生产。冷型坯法是先成型型坯，再将型坯加热后进行拉伸吹塑；热型坯法是将成型型坯和拉伸吹塑一步完成。影响吹塑成型工艺和制品质量的因素主要有型坯的温度、壁厚、空气压力、吹胀比、模温和冷却时间等。

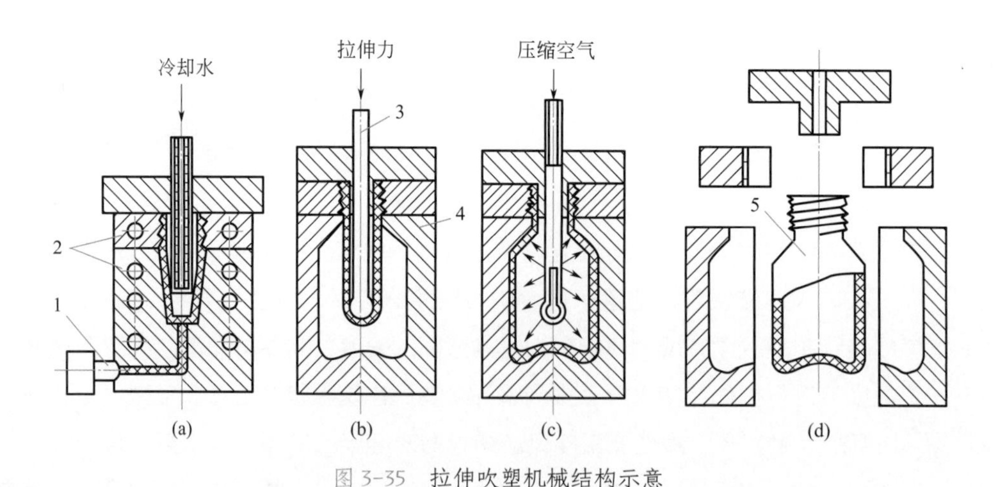

图 3-35　拉伸吹塑机械结构示意

1—注射机头；2—注射模；3—拉伸推杆；4—吹塑模；5—塑件

3.6.4 压延成型工艺

压延成型工艺是指将熔融塑化的热塑性塑料通过两个以上的平行异向旋转辊筒间隙，使熔体受到辊筒挤压延展、拉伸而成为具有一定规格尺寸和符合质量要求的连续片状制品，最后经自然冷却成型的方法。压延成型工艺流程如图 3-36 所示。压延产品主要有薄膜、片材、人造革、壁纸和其他涂层制品等。压延成型所采用的原材料主要有聚氯乙烯、纤维素、改性聚苯乙烯等。压延设备包括压延机和其他辅机。压延机通常以辊筒数目及其排列方式分类。根据辊筒数目不同，压延机有双辊、三辊、四辊（图 3-37）、五辊甚至六辊之分，以三辊或四辊压延机用得最多。

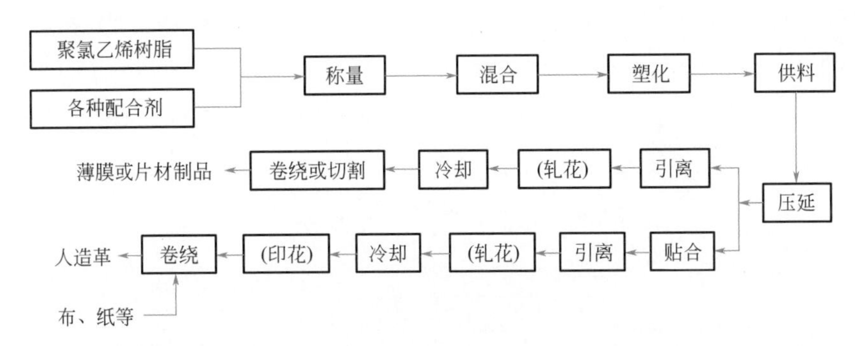

图 3-36 压延成型工艺流程

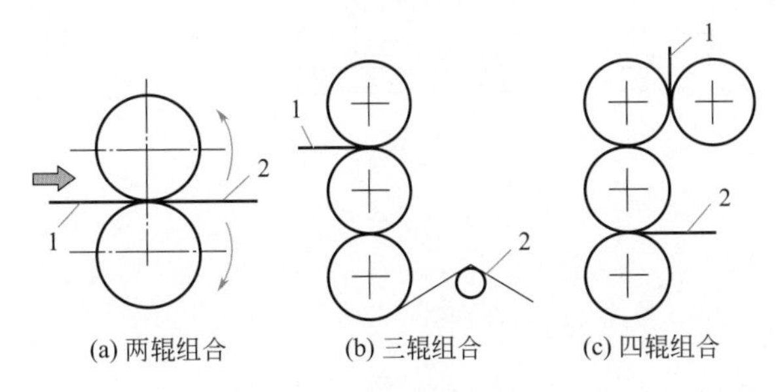

图 3-37 压延成型原理

1—原料；2—薄料

3.6.5 模压成型工艺

模压成型又称压缩成型、压塑成型，是塑料成型加工中较传统的工艺方法，目前主要于热固性塑料的加工。

（1）模压成型前的准备

模压成型前的准备分为预压和预热两部分。预压一般只用于热固性塑料，预热则热固性和热塑性塑料都可用。

① 预压：在室温下，将松散的粉料或纤维状的热固性塑料在专用压锭机上压成重量一定、形状规整的密实型坯，这个工序称为预压。预压型坯多为圆片状，也有长条状的。

② 预热：在模压前有时需对塑料原料进行加热，其目的一是可以去除原料中的水分和其他挥发物，二可以提高料温，增进塑件固化的均匀性，便于缩短压缩成型周期。预热的方法主要有加热板加热、烘箱加热、红外线加热、高频电加热等。

（2）模压成型过程

模压成型是指将经过预制的热固性塑料原料（也可以是热塑性塑料）直接加入敞开的模具加料腔中，然后合模加热使其熔融，并在压力作用下使物料流动充满型腔，经过排气和保压，塑料分子发生交联反应逐渐硬化成型后，脱模取出塑件，最后清理模具进入下一次成型循环（图 3-38）。

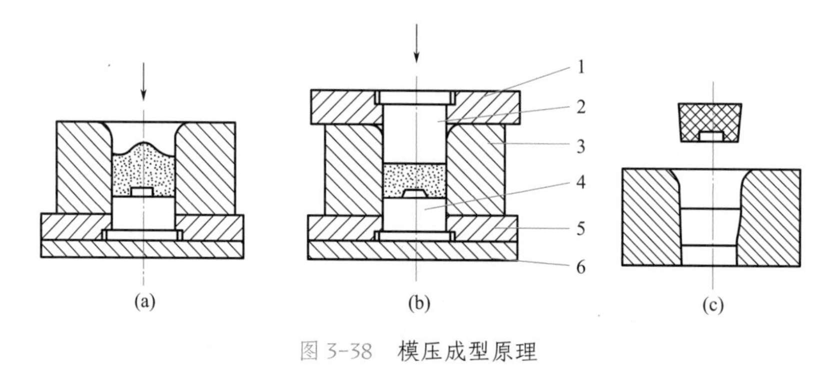

图 3-38　模压成型原理

1—凸模固定板；2—上凸模；3—凹模；4—下凸模；5—凸模固定板；6—垫板

由以上说明，模压成型过程可以分为嵌件的安放、加料、合模、排气、固化、脱模和模具清理等几个阶段。在成型带有嵌件的塑件时，加料前将预热的嵌件安放定位于模具中。

① 嵌件的安放：一般嵌件只需手工安放，特殊的需要专用工具安放。安放时要求正确和平稳，以免造成废品或损伤模具。

② 加料：在模具加料腔内加入所需分量的塑料。加入模具中的塑料应按塑料在型腔内的流动情况和各个部位需要量的情况做合理的堆放。如采用粉料或粒料时，宜堆放成中间稍高的形式，以便于空气的排出。

③ 合模：加完料后便合模。合模的原则是凸凹模在闭合过程中不能形成不正当的高压。当凸模未接触物料时，尽量加快速度；当凸模接触塑料后，应减慢速度合模，减慢速度可以使模内气体得到充分的排除。模具闭合后就可以加压。

④ 排气：在压塑热固性塑料时，模具闭合后有时需要卸压，将凸模松动少许时间，以便排出其中的气体。通常为一至两次，每次时间为几秒至数秒不等。

⑤ 固化：热固性塑料的固化需要在模塑温度下保持一段时间，保证塑件硬化完全，物理力学性能达到最佳状态。对于有些固化速率不高的塑料，不必将整个固化过程放在模内完成，只要塑件能够完成脱模即可结束固化，之后用烘烤的办法来完成固化，从而提高生产率。模内固化一般在 30s 至数分钟不等。

⑥ 脱模：脱模是固化结束后使塑件从模具中分开的工序。脱模主要靠推出机构来完成。

⑦ 清理模具：塑件脱模后，应对模具进行清理。用铜签或铜刷刮出留在模内的塑料，然后用压缩空气吹净凸模、凹模和台面。

（3）模压成型特点

模压成型与注射成型相比有如下特点。

① 模压成型所使用的设备和模具以及生产过程的控制都比较简单。

② 模压成型的塑料制品（图 3-39），耐热性好，塑件的收缩率小、变形小，各项性能比较均匀。

图 3-39　模压成型制品

③ 模压成型适宜成型流动性差的塑料，比较容易成型大中型塑件。

但模压成型又有如下的缺点。

① 模压成型生产周期长，效率低，不易实现自动化，加热模具需要的高温会引起原料中粉尘和纤维的飞扬。

② 不能模压尺寸精度要求较高的塑件。因为塑件常有较厚的溢边，溢边厚度的波动影响塑件高度尺寸的精确度。

③ 带有深孔，形状复杂和带有精细嵌件的塑件难以成型。

④ 对模具材料要求较高。因为压塑模具需要交替地加热和冷却，同时还受到高压作用，另外压模在操作中冲击振动较大，易磨损变形。一般压塑模具的使用寿命仅20 万～30 万次。

3.6.6 滚塑成型工艺

滚塑成型又称旋转成型、旋塑、旋转模塑、旋转铸塑、回转成型等，它是塑料成型加工中的一种成型方法，滚塑成型工艺流程如图 3-40 所示，主要用于制造加工中空无缝连接的中型、大型或超大型中空制品，如搬运箱、翻斗车皮、帆船船体、衣用模特、工业贮槽和贮罐等，加工的最大容器可达 10 万升。这是注射成型和吹塑成型难以实现的，而且旋转成型加工的产品壁厚均匀、尺寸稳定、无成型缝、无边角废料，是一种经济而有效的成型方法。传统上，它主要于热塑性材料上，可交联聚乙烯等热固性材料的旋转模塑也发展很快。由于旋转成型并不需要较高的注射压力、较高的剪切速率或精确的化合物计量器，因此模具和机器价格都比较低廉，而且使用寿命也较长。

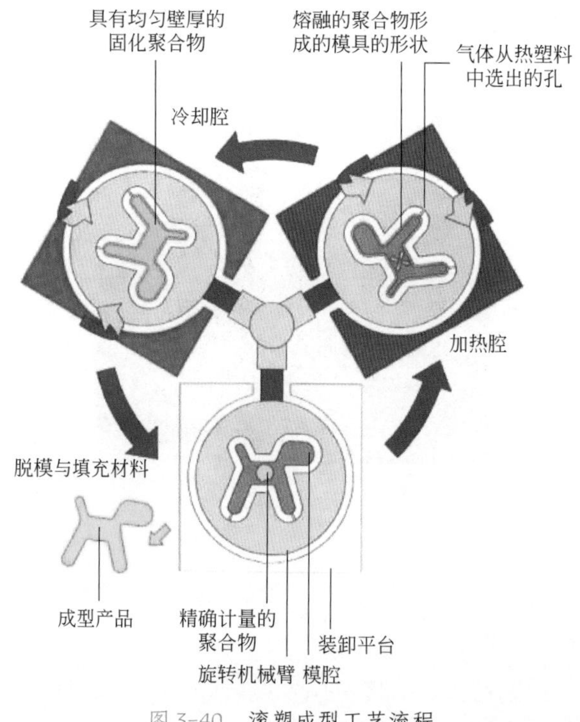

图 3-40　滚塑成型工艺流程

（1）滚塑成型的工艺过程

① 涂覆脱模剂：模具上涂覆脱模剂是为了便于从模具中取出制品，同时可有效地避

免因制品与模具之间黏附力大导致脱模时制品的损坏现象。

② 安装嵌件及有关成型附件：嵌件主要起局部增强制件的作用，成型附件主要是指螺纹或特殊部位成型用的模块，它们都必须在模具加入物料以前妥善地安装在新设定的位置上。

③ 装料：加入物料以前应当进行严格的计量，在需要加入添加剂时，还需要将有关组分进行预混处理。精确地称取最终制件所需的粉末树脂重量，加入分离型模具的底部，然后将两个半模紧固在一起，并装在支承轴上。

④ 闭模：闭模前要注意除去合模处残存着的物料，要确保两分型面密合完好，以避免加工过程中物料的泄漏。

⑤ 加热：把装好物料的模具放进加热炉（或用煤气火焰等其他热源加热），加热炉温度设定在树脂熔点以上，随同机架同时绕相互垂直的主、副两轴做公转、自转。转动过程中使模具升温到给定温度后保温，物料在转动、加热下逐渐熔化，沉积于模腔的整个内壁上并逐渐将物料中夹入的气体排除，直到成型完好的制件。在加热阶段的最初，如果用的是粉末状材料，使模具表面形成多孔层，然后随循环过程渐渐熔融，形成均匀厚度的均相层，如果用的是液体材料，则先流动的涂料涂覆在模具表面，当达到凝胶点时则完全停止流动。

⑥ 冷却定型：当树脂充分熔融时，将模具转移到冷却室，在那里一边继续旋转，一边通过强制通风或喷水进行冷却。

⑦ 脱模以及清理模具：前者要避免损伤制品，后者则要将模具上的残存物料及杂物清除干净，为下一个成型周期装料做好准备。

（2）实例：小狗椅（由绿色 PE 旋转滚塑成型，如图 **3-41** 所示）

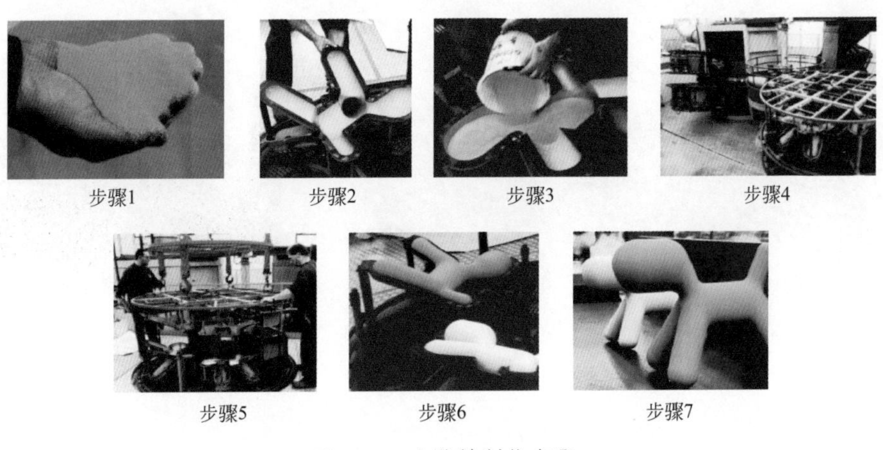

图 3-41 小狗椅制作步骤

步骤 1：称取一定量的绿色 PE 粉末。

步骤 2：将模具固定在旋转臂上。

步骤 3：将步骤 1 准备好的绿色 PE 粉末倒入模具腔体。

步骤 4：加热模具 25min，使内部 PE 粉末熔化为液体。

步骤 5：旋转成型。

步骤 6：注入空气至腔体内，使模具冷却。

步骤 7：脱模，完成。

3.6.7 其他成型工艺

(1) 搪塑成型工艺

搪塑成型工艺是指将配置好的塑料糊注入预热的阴模中，使整个模具内壁均为该糊所湿润附着，待接触模壁的部分糊料胶凝时，倒出多余的未胶凝糊料，将模具加热使其中的糊料层完成胶凝，经冷却脱模而得制件。多用于生产中空软质塑料制品，如对带皮纹的搪塑模具整体加热，模具和搪塑粉盒对接后旋转，粉盒中的搪塑粉末自然落入模具中熔化，形成一个形状与模具内表面一致的带皮纹的表皮，然后冷却模具，粉盒脱离，工人取下表皮。搪塑成型工艺流程如图 3-42 所示。搪塑成型制品如图 3-43 和图 3-44 所示。

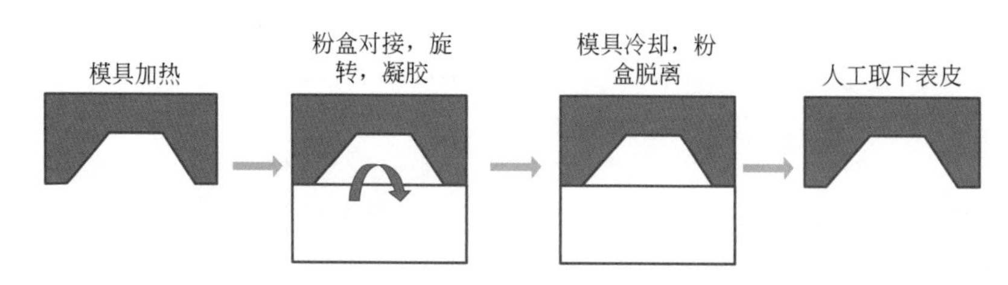

图 3-42 搪塑成型工艺流程

图 3-43 搪塑玩具

图 3-44 搪塑汽车内饰

搪塑成型工艺加工工序如下。

① 模具加热：将模具加热到一定温度。常见的加热方式有热风循环加热、明火加

热、热液体传导加热、红外线加热、电加热、热油加热等。一般根据模具形状和生产需要等因素选择合适的加热方式，也可采用热风循环加热方式。

② 搪塑成型：粉盒对接，旋转，凝胶。搪塑聚合物料粉，通过旋转，利用重力落到预热后的模具中，模具温度超过料粉的黏结温度和熔融温度，料粉粒子黏附到模具内表面，形成一层熔体，在旋转过程中，聚合物粒子结构越发紧密，然后根据设备和料粉的不同，有的需要进入凝胶烘箱进行凝胶，有的则靠模具自身余热就可以完成凝胶，最终形成制品。一般日本的搪塑设备 + 日系粉末，无需专门的凝胶烘箱进行凝胶。

③ 冷却分离：冷却定型制品。常见的冷却方式有冷水冲淋、喷雾冷却、空气对流冷却、空气中缓慢冷却。冷却时间越短，产品的收缩变形越大，空气中缓慢冷却影响最小，但出于生产效率的考虑，一般采用冷水冲淋或空气对流冷却。

④ 脱出表皮：人工取下表皮。若模具内表面有污物，需及时清理，再开始下一循环。

（2）发泡成型工艺

发泡成型是使塑料产生微孔结构的过程。几乎所有的热固性和热塑性塑料都能制成泡沫塑料，常用的树脂有聚苯乙烯、聚氨酯、聚氯乙烯、聚乙烯、脲甲醛、酚醛等。按照泡孔结构可将泡沫塑料分为两类，若绝大多数气孔是互相连通的，则称为开孔泡沫塑料；若绝大多数气孔是互相分隔的，则称为闭孔泡沫塑料。开孔或闭孔的泡沫结构是由制造方法所决定的。发泡方法有化学发泡、物理发泡和机械发泡等。

（3）缠绕成型工艺

缠绕成型是指在控制张力和预定线型的条件下，将浸有树脂胶液的连续丝缠绕到芯模或模具上成型增强塑料制品，这种方法只适合制造圆柱形和球形等回转体。常用的树脂有酚醛树脂、环氧树脂、不饱和聚酯树脂等。玻璃纤维是缠绕成型常用的增强材料，它有两种：有捻纤维和无捻纤维。

（4）层压成型工艺

层压成型是指用或不用胶黏剂，借加热、加压把相同或不相同材料的两层或多层结合为整体的方法。层压成型常用层压机操作，这种层压机的动压板和定压板之间装有多层可浮动热压板。层压成型常用的增强材料有棉布、玻璃布、纸张、石棉布等，以及酚醛、环氧、不饱和聚酯和某些热塑性树脂等。

（5）涂覆成型工艺

涂覆成型是指为了达到防腐、绝缘、装饰等目的，以液体或粉末形式在织物、纸张、金属箔或板等物体表面上涂盖塑料薄层（例如 0.3mm 以下）的方法。涂覆成型最常用的塑料一般是热塑性塑料，如聚乙烯、聚氯乙烯、聚酰胺、聚乙烯醇、聚三氟氯乙烯等。也有热固性塑料，如对金属的环氧粉末热喷涂防腐。涂覆工艺有热熔敷、流化喷涂、火焰喷涂、静电喷涂和等离子喷涂。

（6）浇注成型工艺

浇注成型是指在不加压或稍加压的情况下，将液态单体、树脂或其混合物注入模内并使其成为固态制品的方法。浇注成型分为静态浇注、嵌注、离心浇注、搪塑、旋转注塑、滚塑和流延注塑等。

3.6.8 塑料制品的二次加工

塑料制品的二次加工指塑料制品成型后的再加工，主要工艺有机械加工、塑料的接合和塑料零件的表面处理。

（1）机械加工

塑料零件有时需要机械加工。例如，当塑料零件的尺寸精度要求较高时，可以采用高标准的模具一次成型，也可以采用普通模具成型后再经机械加工达到规定的要求（图 3-45 和图 3-46）；零件上的某些结构如小孔、深孔、侧孔、螺纹等，若在一次成型中做出，将使模具结构复杂化，采用机械加工的方法往往更有利。总之，机械加工是塑料零件制造不可或缺的工序。但是塑料的散热性差、耐热温度低、弹性大，加工时容易引起工件的变形和表面粗糙等问题，因此，塑料进行机械加工时要注意以下几点：

① 必须采用大前角和大后角的刀具，并保持刀刃锋利；

② 精加工时夹紧力不宜过大；

③ 必须选用较小的加工量；

④ 要注意充分冷却。

图 3-45　机械加工

图 3-46　边加工边冷却

（2）塑料的接合

塑料常用的接合方法有机械连接、热熔粘接（亦称焊接）、溶剂粘接和胶黏剂粘接（图 3-47）。机械连接的主要方式是铆接和螺栓连接，方法与金属件的连接相同。热熔粘接是对塑料制品被粘接处进行加热使之熔化，然后叠合，加上足够的压力，待冷却凝固后两个制品就连成了一个整体。加热方法有摩擦加热和热风加热，目前主要采用热风加热。这种方法与金属的气焊相似，有时也采用焊条。大多数热塑性塑料都可以采用热风加热粘接。易着火的塑料（如氟塑料和聚酰亚胺）和热固性塑料不能用此方法粘接。

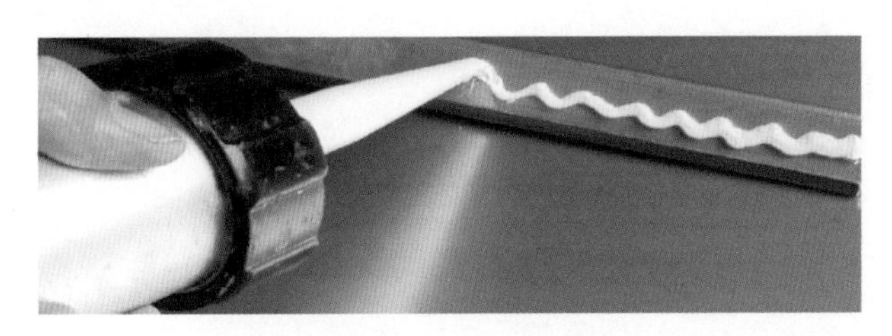

图 3-47　胶黏剂粘接

溶剂粘接是借助溶剂的作用，将两个塑料零件粘接成一体。具体过程是：在两个被粘接的塑料表面涂以适当的溶剂，使该表面溶胀、软化，再加上适当的压力使粘接面贴紧，待溶剂挥发后两个塑料零件就粘接在一起。多数热塑性塑料可以采用溶剂粘接。某些化学稳定性好的塑料和不溶的热固性塑料不宜用此方法粘接。胶黏剂粘接是指在两个被粘接的塑料表面间涂以适当的胶黏剂，形成一层胶层，靠胶层的粘接作用将两个塑料零件粘接在一起。绝大多数塑料都可以用胶黏剂粘接。它是热固性塑料唯一的粘接方式。

（3）塑料零件的表面处理

塑料零件的表面处理主要包括喷漆（图 3-48）和电镀（图 3-49）。

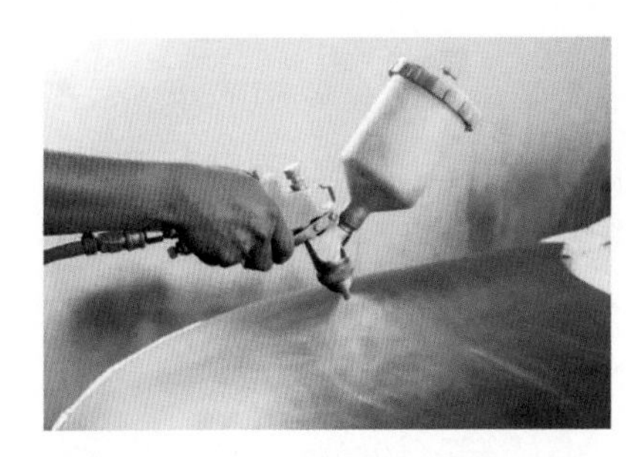

图 3-48　喷漆工艺

图 3-49　电镀工艺

塑料零件喷漆有以下作用：

① 防止制品老化；

② 提高制品耐化学药品与溶剂的能力；

③ 起着色作用，特别是对那些难以混合鲜艳色彩的塑料尤为重要。

塑料表面电镀或化学镀可以改变塑料的某些特性，如可以使零件具有导电性、提高表面硬度和耐磨性、提高抗老化和防潮性能、使制品具有金属光泽等。由于塑料不导电，因此电镀前必须在塑料表面加上一层导电薄膜才行。加导电薄膜的常用方法有化学镀金属铜或银、在塑料零件表面掺入金属粉或石墨形成导电层，或在零件表面涂覆一层导电物质等。塑料制品成型后有时还需要进行热处理，以降低或消除内应力、提高零件的尺寸稳定性和化学稳定性、提高强度、改善电性能等。

/ 3.7 / 产品设计中常用塑料产品实例分析

（1）微波炉

微波炉（图 3-50）上的塑料部件主要是外部零件，有外壳、底座、把手、旋钮等，要求耐热。所选用的塑料品种有 PBT/PET+GF、PBT+GF、PC/ABS、耐热 ABS、HIPS、耐热 PP、PP 等。

除此之外家用电器外观可选用的材料有：ABS，光泽度较高，易喷涂，但耐温不高；PP，成本低，流动性好，但尺寸稳定性较差；PC，强度高，耐温高，透明性好，但容易开裂；PC/ABS 合金，综合性能优异，但价格较高。

装饰件主要选用材料有：透明材料，如透明 ABS、PMMA、PC 等；电镀材料，如电镀级 ABS；膜材料，如 PET 膜，PC 膜。满足 3C 关键件核心要求的材料有阻燃 PBT、阻燃 PP、阻燃 PPO。满足其他关键结构件的核心要求的材料有 POM 玻璃纤维增强尼龙、PPS、PPA、PEI。

（2）医用塑料产品

医用塑料产品的材料大约 25% 是 PVC，主要是由于该树脂的成本较低、应用范围广以及易加工。医学应用的 PVC 产品有血液透析管路、呼吸面罩（图 3-51）、吸氧管等，可以注射、挤出、吹膜、压延成型。通常不需要干燥处理。熔化温度 170 ~ 200℃，模具温度 20 ~ 50℃。注射压力可大到 1500bar（1bar = 10^5Pa，下同），保压压力可大到 1000bar。为避免材料降解，一般要用相当低的注射速度。PVC 材料是一种非结晶性材料，能溶于环己酮和四氢呋喃等有机溶剂。所以通常使用环己酮来粘接 PVC 部件。PVC 材料在实际使用中经常加入稳定剂、润滑剂、染色剂等添加剂。

图 3-50 微波炉

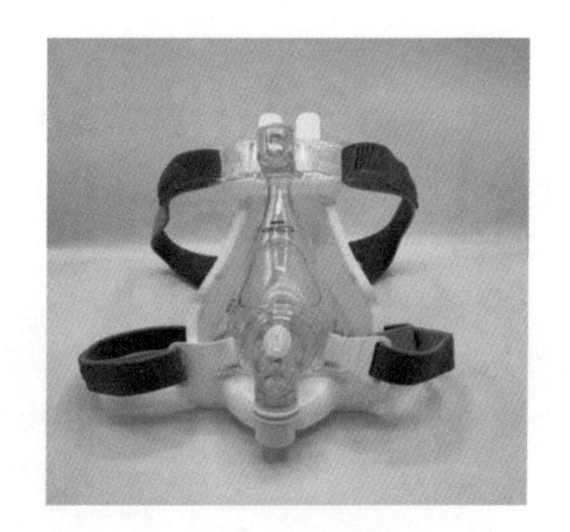

图 3-51 呼吸面罩

（3）智能手机、平板电脑支架

日本 NENDO 设计事务所为 ELECOM 公司设计了这款专为智能手机和平板电脑服务的支架。该设计采用聚碳酸酯塑料和 ABS 水龙头支架制作而成（图 3-52），支架的外观以旧式水龙头为原型，同时有水从水龙头里流出，在底部形成泛着涟漪的美丽水湾，它是装饰与实用的完美结合。

（4）泡沫沙发

这是一款来自范思哲品牌下的 Bubble 时尚泡沫沙发设计（图 3-53）。如同它的服装一样，范思哲正在将一种关于时尚的东西带入家居家具的设计中，比如这套泡沫沙发（Bubble）系列就是范思哲对于客厅时尚的一种阐述，利用聚氨酯泡沫做成的沙发，看起来就像是飘着的云朵。这款沙发无论是其非同寻常的泡沫塑料形状，还是那鼓舞人心的配色，都会为你的室内添光加分。其真皮的搭配还有现代科技的用材，都给人一种极其柔软舒适的享受，仿佛此刻正坐在云层上一样。

图 3-52 水龙头支架

图 3-53 时尚泡沫沙发

(5) Sparkling 座椅

意大利家具品牌 Magis 无疑给人带来了很多惊喜。设计大师 Marcel Wanders 设计的 Sparkling 座椅利用制造普通矿泉水瓶子的吹塑工艺制成，外形犹如塑料水瓶（图 3-54）。不到 1kg 的质量，使它成为目前最轻的座椅。支撑的力量并不是来自材料本身，而是源于内部空气的压强。

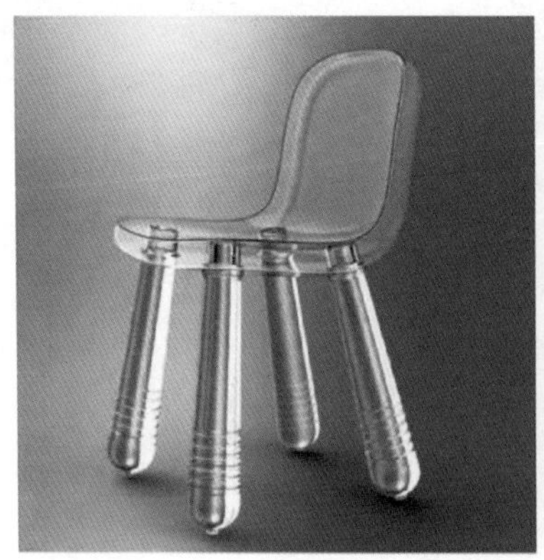

图 3-54　最轻座椅——Sparkling 座椅

(6) IN-EI 系列灯具产品

日本时装设计师三宅一生（Issey Miyake）为意大利灯具制造商 Artemide 设计了名为“IN-EI（在日语中的意思为影子）”的系列灯具产品（图3-55）。这些灯具由回收的 PET 塑料瓶做成，收起来可以成为二维平面折纸，展开之后是三维图形。

图 3-55　IN-EI 系列灯具产品

(7) Plust 家具产品

Plust 家具产品（图 3-56）主要使用了聚乙烯塑料，聚乙烯是一种无臭、无毒、手感似蜡、具有优良的耐低温性能、化学稳定性好的材料，适合制作室内和室外使用的家具产品。

它也具有多种表面纹理，是一种可着色和可印制的材料。由于聚乙烯材料的特性，因此可以用来生产特别的形状或大尺寸的产品。如果设计人员需要一种灵活性很强的材料，那聚乙烯是一种很好的解决方案。它也是一种可大量染色的材料，还可以在印刷后涂漆。因此，采用这种材料可以设计出不同效果的产品，亚光的或亮光的，光滑或具有浮雕微纹理等。该产品使用了旋转式的模印，将产品做成较大的空心形状，表面呈半透明的乳白色。

图 3-56　Plust 家具产品

（8）Kartell 家居装饰

Kartell 家居装饰（图 3-57）具备透明且反光的特性，有点像吹制玻璃，主要运用的是聚碳酸酯材料。无论是模制或是挤制的都有类似效果。聚碳酸酯可以用于制造产品或者室内装饰，特点是具有很高的透明性，色彩丰富，有反光效果，表面坚硬，可以营造一个特点鲜明的居住空间。

图 3-57　Kartell 家居装饰

采用聚碳酸酯材料可以产生光学效果，使光线可以在多个方向上折射和分解。通过这种方式，物体的表面像钻石一样在光和影的作用下产生一种特别的三维立体效果。

(9) Magis 座椅

Magis 座椅（图 3-58）主要用材为聚碳酸酯，通过注射成型的方式达到制造深层次的彩色产品效果，这些产品具有特殊的透明度和光泽，与光线的互动关系是产品的重要元素。透明部件与彩色部件的组合让产品从视觉效果上显得非常轻盈。使用在室内环境，整体上非常轻盈，没有侵略感。

图 3-58　Magis 座椅

(10) B&B Italia 沙发产品

B&B Italia 沙发（图 3-59）使用了新型聚氨酯，新型柔性聚氨酯泡沫又称为“黏弹海绵”，可以作为填充物。在停止按压后，其形状就会缓慢恢复：聚氨酯记忆泡沫可让产品在人体工程学上适应每个用户的身材和体重，同时还可以恢复原有的弹性。

图 3-59　B&B Italia 沙发产品

在广阔的塑料世界中，软性和硬性的聚氨酯泡沫为许多家用产品提供了必要的舒适性。例如沙发、座椅以及其他有柔软填充物的家具。这些材料正在不断发展，在性能、弹性、阻电、阻热和绝缘性能方面不断增加新的品质。

（11）Cliffy Sofa

Cliffy Sofa 译为陡峭的沙发（图 3-60），该款沙发产品的制造基于一种特殊的生产工艺：对大型聚氨酯材料块进行切割和黏合，然后进行表面涂漆，使它们色彩保持持久。设计师之所以选择聚氨酯材料，是因为它可以灵活地进行加工，并有各种形状和尺寸的选择，以适应不同空间的需求。

（12）再生聚合物座椅（图 3-61）

再生的聚合物，如高密度聚乙烯（HDPE）、ABS、尼龙和聚丙烯（PP），不仅从环境可持续性的角度出发是非常环保的材料，而且这些不规则的外观造型和复合颜色构成了新的美感。每个产品都有一个独特的“存在过”的特征，这种过去的特征可以完美地融入现代环境。

图 3-60 陡峭的沙发

图 3-61 再生聚合物座椅

再生塑料为基于怀旧的新美学产品或室内设计提供了新的机会。在这种情况下，材料通过其本身特性表现项目，同时也保留了一些材料回收前的印记。

（13）Flip Reel 渔具

Flip Reel 渔具（图 3-62）的主要材质是 PP 和 TPE。每个转轮上都有蓝色、绿色、黄色或橙色的亮点，能携带 165ft（1ft=0.3048m）、17lb（1lb=0.45kg）的氟碳深海鱼线，每个售价 20 美元。操作也十分简易，翻转打开，连接鱼竿，很快鱼就会上钩。垂钓完毕后，绞线、钓钩安全存放后反转关闭。

图 3-62　Flip Reel 渔具

（14）可自然降解的生物塑料椅子（图 3-63）

生物塑料是一种特征和性能均与普通塑料相近的聚合物，但普通塑料是从不可再生的化石燃料中提取的物质合成的；而生物塑料虽然也可以注入铸模、挤压成型，最终通过热塑作用固化，但所采用的材料却是 100% 从以植物为基础的可再生资源（如甜菜根、玉米淀粉、甘蔗等）中提取的。因此，生物塑料是完全可回收利用的，并且能进行生物降解的。

图 3-63　可自然降解的生物塑料椅子

（15）世界上第一个塑料灭火器（图 3-64）

世界上第一个塑料灭火器，采用透明的聚乙烯萘二甲酸树脂容器来取代金属材料。全透明的视觉感受，让消防员和其他受训专业人员能够目视检查灭火器内的粉末，随时查看是否够用。通过重新设计让初田制作所得以新增其他一些功能改良，如在消防管末端加入软质握柄，并加大了顶部的圆形扣，更方便携带。该灭火器还具有可再生性，并且所有材料都能分离。采用了其他普通级材料，如聚丙烯和 ABS 来制作底座及把手。

（16）Ethicon ACE®+7 和 FOCUS®+ 超声刀（图 3-65）

两款产品均配合强生 GEN11 智能能量系统使用，能有效地感应手术过程中的组织条件变化并调节能量输出，更好地帮助外科医生提高手术效率和安全性。同时 Ethicon ACE®+7 也是全球唯一一个利用纯超声能量装置 7mm 容器进行止血的产品。设计更加符合人体工程学，Ethicon ACE®+7 在手柄罩和扳机处使用 Versa Flex 公司生产的聚脲材料进行包覆成型处理。轴位则是在两个垫机械夹臂中使用聚四氟乙烯和特种含氟聚合物叶片涂层以及不锈钢和钛的组件进行加工。具有与传统器械相似的握感，让手术操作更流畅。

图 3-64　世界上第一个塑料灭火器

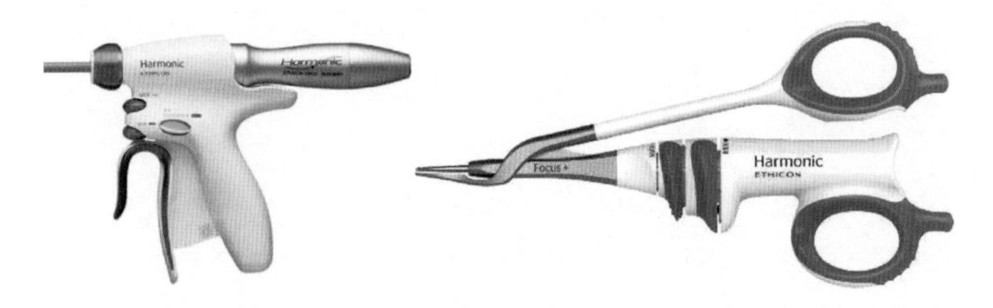

图 3-65　Ethicon ACE®+7 和 FOCUS®+ 超声刀

（17）Humangear 餐具套装（图 3-66）

整套餐具均采用特殊的不含双酚 A 的高温高强度尼龙材料，不会释出有毒物质。设计者使用取得食品安全认证的特殊玻璃填充尼龙和所需要匹配的塑料颜色。

（18）无线耳塞（图 3-67）

摩托罗拉公司曾与中国的企业合作共同探讨耳机底部外壳档次和热塑性弹性体的硬度，TPE 被包覆成型在 PC 材料外。耳塞凝胶采用液体硅胶，顶部为 PC 外壳，主体为 PC 和深色、浅色织物，以及竹木、皮革等各种样式。便携式布袋可以在旅途中提供保护和充电，为了方便用户，还配备了挂绳。

图 3-66　Humangear 餐具套装

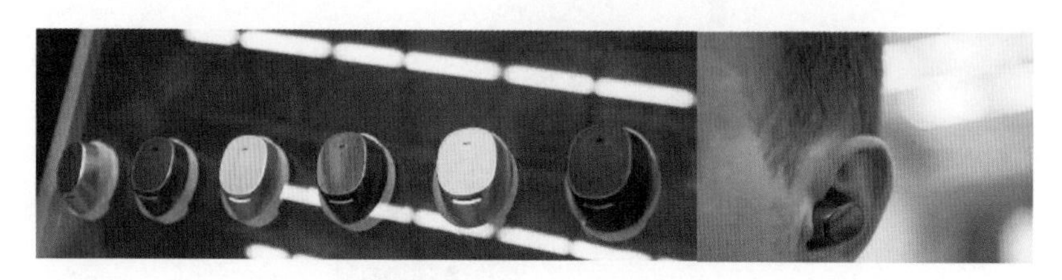

图 3-67　无线耳塞

/ 思考与习题

1. 简述塑料的优缺点。
2. 塑料按其热性能特点分为哪几类？试述各有什么特性？
3. ABS 塑料是由什么构成的？其突出的性能特点是什么？
4. 试述常用透明塑料的种类、特性及应用场合。
5. 塑料常用的成型工艺有哪些？说明工艺流程。
6. 列举 20 款塑料制品，分析哪些部件采用了什么塑料和什么成型方法？

第 4 章
/ 无机非金属材料及其加工工艺

/ 知识体系图

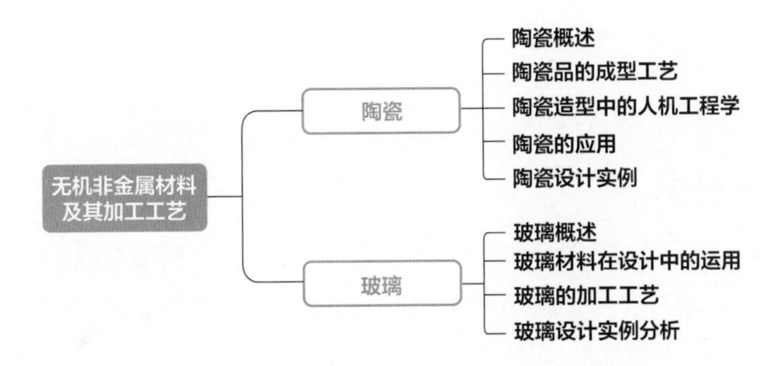

/ 学习目标

知识目标

1. 掌握陶瓷和玻璃材料的性质、分类及应用。
2. 了解陶瓷和玻璃制品的主要制作方法。
3. 了解陶瓷和玻璃制品的主要成型工艺流程。
4. 了解陶瓷和玻璃材料在产品设计中的价值。

技能目标

1. 能够理解常用产品采用陶瓷和玻璃部件的原因。
2. 能够运用陶瓷和玻璃材料的特性创新设计产品的元素。

/ 引例

无机非金属材料——产品设计中不可忽视的材料种类

与金属和高分子类材料不同，无机非金属类材料由于自身特性原因，导致在机电和电子类产品中一般不适合制作外壳。但是作为具有悠久历史的材料大类，包括玻璃、陶瓷、石膏和油泥等无机材料在高硬度、高透明性及独特表面光泽和肌理的表现上具有其他材料无法替代的特性；并且在一些例如家用器皿和建筑材料等产品上，作为传统材料也有着其他新型材料暂时无法替代的优势。更先进的加工技术和开发成果将赋予传统无机非金属材料新的面貌，为产品设计开拓更多的可能性。

/ 4.1 / 陶瓷

4.1.1 陶瓷概述

陶瓷是陶器和瓷器的总称。凡是用陶土和瓷土（高岭土）的无机混合物作原料，经过成型、干燥、焙烧等工艺方法制成的器物统称为陶瓷。陶器出现在旧石器时代晚期和新石器时代；瓷器则是中国在东汉时期发明，并逐渐传向东西方（图 4-1）。

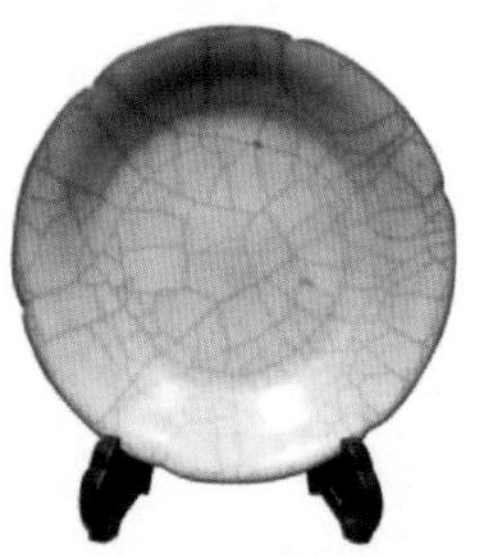

图 4-1　古代陶器和瓷器

通常认为，陶器对原料的要求不太高，烧结温度较低，制品粗松多孔，吸水性强，敲之声音粗哑；而瓷器对原料的要求较严，坯料较细，烧结温度也较高，制品致密，不渗水、不透气或呈半透明状；介于陶器和瓷器之间的还有一类产品，坯体较致密，吸水率也低，但缺乏半透明性，这类产品通称炻器。

4.1.1.1 陶瓷的历史

新石器时代可以说是陶器的时代，从商周出现原始瓷器，并逐渐开始从陶到瓷的过渡。以中国为例，从东汉至六朝时期，真正意义上的瓷器烧成并迅速发展；到宋代，制瓷业达到了空前的水平；元代，出现了瓷都景德，中国陶瓷业无论是在数量还是质量上都有了突飞猛进的发展；这种势头在明代得到保持，形成了全国陶瓷业中心；至清代，陶瓷在工艺上达到了巅峰。

当今，陶瓷制品不仅广泛应用于日常生活、工艺美术、环境陈设、建筑装饰等方面，还在化工、电力、机械等工业领域有很大的用途。此外，用人工合成原料和黏土以外的天然原料制成的新型陶瓷制品已开始广泛应用于半导体、原子能、火箭等工业领域。

从历史进程来看，陶瓷的发展大致可分为以下三个阶段。

第一阶段：从陶、瓷器到近代的传统陶瓷。人类的祖先利用黏土的可塑性将其加工成型为所需的形状，然后在火堆中烧制成坚硬的陶器。而陶器的出现、发展和广泛应用是社会生产力的一个飞跃，此后的陶器经历了漫长的发展和演变过程；随着金属冶炼技术的发展，人类掌握了通过鼓风提高燃烧温度的技术，采用了含铝量较高的瓷土，并发明了釉。由于这三个方面因素的促进，陶器发展到了以洁白细腻、轻巧美观、材质精美和具有得天独厚的资源优势的瓷器，成为陶瓷发展史中的一次重大飞跃，也是陶瓷发展史的第一个里程碑。它标志着人类完成了从蒙昧时代进化到野蛮时代，进而过渡到文明时代，具有划时代的意义。近代，由于对陶瓷的原料、配比、成型、制作工艺进行精选优化和严格控制，不仅提高了陶瓷制品的质量，增加了花色品种，而且随着科学技术的发展和需求，在日用陶瓷等的基础上又衍生出了许多种类的陶瓷，如电力工业用的绝缘陶瓷、建筑工业用的建筑陶瓷和卫生陶瓷、冶金工业用的耐火材料、化学工业用的耐腐蚀的化工陶瓷和多孔陶瓷等。由于这些陶瓷的主要成分是硅酸盐化合物，人们将这类陶瓷称为传统陶瓷。

第二阶段：从传统陶瓷到新型陶瓷。这一阶段起源于 20 世纪 40 ~ 50 年代，是陶瓷发展史上的第 2 次重大飞跃。电子工业、电力工业的迅速发展和宇宙开发，原子能工业的兴起，以及激光技术、传感技术、光电技术等新技术的出现，对陶瓷材料提出了很高的要求，而传统陶瓷无论在性能、品种和质量等方面都不能满足需求，这便促使人们从原料、成型和烧结工艺方面进行改进和创新：①原料方面，由高纯的人工合成原料代替天然的硅酸盐矿物原料，制得了一系列不含硅酸盐的陶瓷材料；②原料制备工艺的重要革新；③成型和烧结的新工艺、新技术。加上陶瓷科学与相邻学科的交融和创新突破，对陶瓷的发展起到了极大的促进作用，只经历了近半个世纪人类就实现了传统陶瓷到新型陶瓷的飞跃。该阶段存在的问题主要是陶瓷的脆性和高温高强等问题远未彻底解决。

第三阶段：从新型陶瓷到纳米陶瓷。这一阶段起源于20世纪90年代，陶瓷发展正面临着第3次重大飞跃，21世纪初陶瓷科学在这方面已经取得重大突破，生产出许多不同于新型陶瓷的纳米陶瓷材料与制品。

4.1.1.2 陶瓷的基本性质

（1）光学性质

① 白度：指陶瓷材料对白色光的反射能力。它是以45°角投射到陶瓷试件表面上的白光反射强度与化学纯硫酸钡样片（白度作100%）的比较而得。绝大部分瓷器在外观色泽上均采用纯正的白色（色度应不低于70%），其白度虽不及微带黄色的白色，但由于人对白色微泛青色的色调在视觉上反而觉得更白，更柔和舒适。

② 透光度：指瓷器允许可见光透过的程度，常用透过瓷片的光强度与入射在瓷片上的光强度之比来表示。陶瓷的透光度与瓷片厚度、配料组成、原料纯度、坯料细度、烧成温度以及瓷坯的显微结构有关。

③ 光泽度：指瓷器表面对可见光的反射能力。光泽度取决于瓷器表面的平坦与光滑程度。当釉面平整光滑、无缺陷时，光泽度就高；反之，当釉面粗糙有橘皮、针孔等缺陷时，光泽度则下降。

（2）力学性质

这是指陶瓷材料抵抗外界机械应力作用的能力。陶瓷材料最突出的缺点是脆性，虽然在静态负荷下，抗压强度很高，但稍受外力冲击便发生脆裂，在外力作用下不发生显著形变即产生破坏，抗冲击强度远远低于抗压强度，致使其应用尤其作为结构材料使用有所局限。为了改善陶器材料的脆性，目前已研制出高韧性、高强度的氧化锆陶瓷等新型陶瓷。

（3）热稳定性

指的是陶瓷材料承受外界温度急剧变化而不破损的能力，又称为抗热震性或耐温度急变性。其测定方法是将试样置于电炉内逐渐升温，从100℃每隔20℃取出试样投入20℃水中急冷一次，如此反复，直至试样表面出现裂纹或开裂为止，此温度即作为衡量陶瓷热稳定性的数据。

（4）化学性质

指的是陶瓷耐酸碱的侵蚀与大气腐蚀的能力。陶瓷的化学稳定性主要取决于陶瓷坯料的化学组成和结构特征。一般认为陶瓷材料是良好的耐酸材料，能耐无机酸和有机酸及盐的侵蚀，但抵抗碱的侵蚀能力较弱。特别对于餐具瓷釉的使用要注意，在弱酸碱的侵蚀下，铅的溶出量超过一定量时对人体是有害的。

（5）气孔率与吸水率

气孔率指陶瓷制品所含气孔的体积与制品总体积的比例（%）。气孔率的高低和密度的大小是鉴别及区分各类陶瓷的重要标志。吸水率则反映陶瓷制品烧结后的致密程度。日用陶瓷质地致密，吸水率不超过 0.5%，炻器吸水率在 2% 以下，陶器吸水率一般大于 4% ~ 5%。吸水率随陶瓷制品用途不同而异。

4.1.1.3 陶瓷的种类

陶瓷制品种类繁多，目前国内外尚无统一的分类方法，按照不同的标准有不同的分类。较普遍的分类方法有两种：一是根据陶瓷的概念和用途分类；二是根据陶瓷的基本物理性能（如吸水率、透明性、色泽等）分类。此外，也有根据陶瓷所用原料或产品的组成分类的。

（1）按陶瓷的概念和用途分类

按这种分类方法可将陶瓷制品分为两大类，即普通陶瓷和特种陶瓷。

普通陶瓷即传统陶瓷，根据传统陶瓷使用领域不同，又可分为日用陶瓷、艺术陶瓷、建筑卫生陶瓷和工业陶瓷等。日用陶瓷，如餐具、茶具、缸、坛、盆、罐等。艺术陶瓷，如花瓶、雕塑品、陈设品等；建筑卫生陶瓷，如卫生洁具、墙地砖、排水管等；工业陶瓷，如化工用陶瓷、化学瓷、电瓷等。特种陶瓷按性能分类为高强度陶瓷、高温陶瓷、压电陶瓷、电介质陶瓷、光学陶瓷、半导体陶瓷、磁性陶瓷、生物陶瓷；按化学组成分类为氧化物陶瓷、氮化物陶瓷、碳化物陶瓷、复合陶瓷、金属陶瓷、纤维增强陶瓷。陶瓷按概念和用途的分类见图 4-2。

（2）按陶瓷的基本物理性能分类

按这种分类方法可将陶瓷制品分为陶器、炻器和瓷器；陶器分为粗陶器、普通陶器和精陶器；炻器分为粗炻器和细炻器；瓷器分为普通瓷器和特种瓷器，见表 4-1。

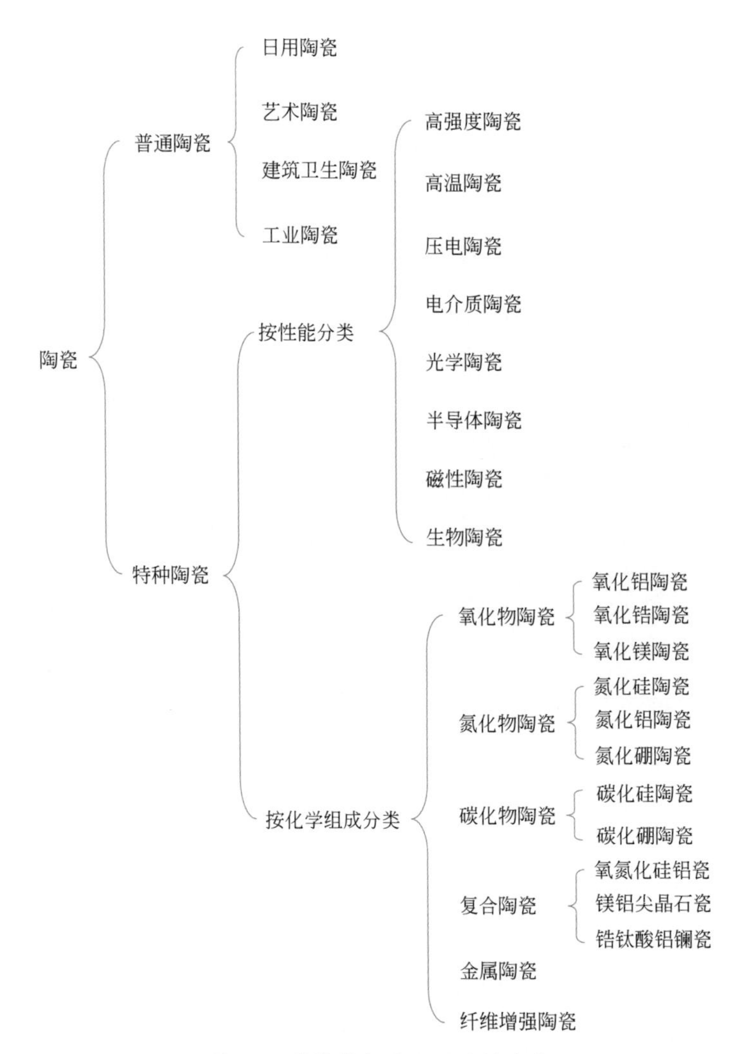

图 4-2　陶瓷按概念和用途的分类

表 4-1　陶瓷材料按性能的分类

名称		特征		举例
		颜色	吸水率 /%	
粗陶器		带颜色	18 ~ 22	日用缸器
精陶器	石灰质精陶	白色	9 ~ 12	日用器皿、彩陶
	长石质精陶	白色	4 ~ 8	日用器皿、建筑卫生器皿、装饰器皿
炻器	粗炻器	带颜色	0 ~ 1.0	日用器皿、缸器、建筑用品
	细炻器	白色或带颜色	0 ~ 0.5	日用器皿、化学工业及电器工业用品

续表

名称		特征		举例
		颜色	吸水率 /%	
瓷	长石质瓷	白色	0 ~ 0.5	日用餐茶具、陈设瓷、高低压电瓷
	绢云母质瓷	白色	0 ~ 0.5	日用餐茶具、美术用品
	滑石瓷	白色	0 ~ 0.5	日用餐茶具、美术用品
	骨灰瓷	白色	0 ~ 0.5	日用餐茶具、美术用品
特种瓷	高铝质瓷	耐高频、高强度、耐高温		硅线石瓷、刚玉瓷等
	镁质瓷	耐高频、高强度、低介电损失		滑石瓷
	锆质瓷	高强度、高介电损失		锆英石瓷
	钛质瓷	高电容率、铁电性、压电性		钛酸钡瓷、钛酸锶瓷、金红石瓷等
	磁性瓷	高电阻率、高磁致伸缩系数		磁性瓷、镍锌磁性瓷等
	金属陶器	高强度、高熔点、高抗氧化		铁、镍、钴金属陶瓷
	其他	—		氧化物、氮化物、硅化物等

此外，在日用陶瓷和特种陶瓷中也较为普遍地根据陶瓷所用原料或产品的组成，将日用陶瓷分为长石质瓷、绢云母质瓷、滑石质瓷、骨灰质瓷等；高温结构陶瓷分为氧化铝陶瓷、氧化锆陶瓷、氮化硅陶瓷、碳化硅陶瓷等。

4.1.2 陶瓷品的成型工艺

4.1.2.1 成型工艺前的预处理

成型前的原料需要进行预处理，包括预烧、原料的合成、粉碎、混合、干燥、成型等流程。

（1）预烧

现代陶瓷的原料中，有一部分具有多晶型转变，例如石英、氧化铝、氧化锆和二氧化钛。晶型转变引起的体积变化，会造成开裂、变形。因此，具有多晶型转变的原料，需要进行预烧，以获得稳定的或所需要的晶型。

（2）原料的合成

原料的合成一般是指几种单一成分的原料经配料、混合和煅烧，制成组成一定的多成分化合物，这种方法称为烧结法。采用几种盐的溶液，通过反应共沉淀而合成的方法称为溶液反应法。

（3）粉碎

陶瓷粉末的粒度和粒度分布对产品的工艺过程及最终成品性能有很大影响，为了达到要求的粒度，原料需进行粉碎、筛选。

（4）混合

混合方法包括机械混合（球磨、搅拌）和化学混合。

（5）干燥

湿磨或湿混合后的液体介质要干燥除去。

（6）成型

将陶瓷坯料按制品性能及工艺要求通过各种方法制成一定形状尺寸的坯体的工艺过程称为成型。

4.1.2.2 成型应满足的要求

① 成型坯体的形状、尺寸一定要符合图样及制品样品的要求。

② 成型坯体要有一定的机械强度，以适应后续各工序的操作。

③ 成型坯体要均匀、致密，以避免干燥、烧成收缩不一致，使制品发生变形。

4.1.2.3 成型方法的选用原则

（1）从制品的形状、大小、厚薄等方面考虑

① 凡旋转体形的制品，多采用旋压成型、滚压成型、车坯成型等可塑法成型。

② 凡形状较复杂、尺寸较大、壁薄的制品，多采用注浆成型。

③ 凡尺寸较小、尺寸要求较精确且形状较复杂的制品，可采用注射成型、热压铸成型。

④ 凡尺寸公差要求较高的扁平制品，多采用塑压成型、半干压成型和干压成型等。

⑤ 凡形状不太复杂的厚壁或薄壁、大尺寸的实心制品，可采用等静压成型。

⑥ 凡纤维、薄膜、纳米陶瓷的制品，可采用特种成型。

（2）从坯料性能考虑

① 可塑性较好的坯料，采用可塑法成型。

② 可塑性较差的坯料，一般采用注浆成型或压制成型。

③ 瘠性坯料（新型陶瓷制品的坯料），一般采用热压铸成型、等静压成型、注射成型、原位凝固胶态成型（凝胶注模成型、温度诱导絮凝成型、直接凝固注模成型、胶态振动注模成型、快速凝固成型、反应凝固成型、低温聚集成型等）以及特种成型。

（3）从经济角度考虑

无论采用哪种成型方法，均须遵循多、快、好、省的原则综合考虑。

4.1.2.4 成型方法

现代陶瓷的成型方法，有些是沿用传统陶瓷的工艺，有些则是从粉末冶金或高分子材料的工艺移植过来的。成型方法有模压成型、粉浆浇注、注射成型、等静压成型、挤坯法、轧膜法、注带法、热压注法，还有将成型和烧结合为一个工序的热压法、热等静压法。

（1）模压成型

在粉料中加入有机黏合剂，填入金属模型，加压后制成具有一定强度的成形体的方法。对于耐火材料、陶瓷面砖、电子陶瓷、核燃料颗粒等，以较为简单的形状进行大量生产的制品，常用这种方法。其优点是价格便宜，成形体的尺寸误差小。压力在 200 ~ 2000kg/cm^2（1kg/cm^2=0.098MPa）范围内，分为阳模压坯和阴模压坯。

① 阴模压坯：制作方法是先将炼制的瓷泥按需要切成泥块或泥片，放入安置在电动旋坯车上预先制成的石膏模型中，再用压坯刀（压坯刀是按器物内部形状需要设计制成的铁质或其他材料刀片）或滚头（按器物内部形状需要设计制成的实心不锈钢或玻璃钢、塑料等半球状物）旋压成型。阳模压坯适宜压制碗、盘类等较平坦的产品，也可在器物内部压制出各种花纹（花纹是预先在模子上刻制的）。

② 阳模压坯：阳模压坯与阴模压坯不同之处是将瓷泥片铺盖在石膏内模上，用压坯刀旋压外形而成。阴模压坯可在器物外部压制花纹。

（2）等静压成型

等静压成型是制得均匀粉末成型体的方法。因其使用橡胶袋（模具），故也称胶袋成型法。这种方法是将粉末装入橡胶袋中，再将装有粉末的橡胶袋置于水压室内进行成型，水压室内的压力均匀地加压于粉体上，故可获得良好的成型体。

（3）挤压成型

挤压成型是将经过混炼的可塑性瓷泥从模孔中挤出的方法。排水管、空心瓦管、炉芯管等中心轴与断面呈直角的制品多用此种方法成型。

（4）注浆成型

注浆成型是指用水等制作成带有流动性的泥浆，将泥浆注入多孔质石膏模型内，水通过接触面渗入石膏模型体内，表面形成硬层。这是一种制作石膏模内面形状与成型体形状相同的成型方法。它又分为双面吃浆（实心注浆）、单面吃浆（空心注浆）以及离心力注浆。

① 空心注浆：是将泥浆注入预先制好的石膏模内，根据坯体需要的厚度，到泥浆凝固的时间时将多余的泥浆倒出，形成空心的造型坯体。等石膏吸附的坯体失去部分水分，坯体收缩，并有一定的强度，脱离石膏模后，开模（脱模）取出，放入烘房中干燥处理，再加修整即成，如壶、罐、瓶类造型及雕塑等异形产品，均可采用此种成型方法。

② 实心注浆：与空心注浆不同的是，它根据产品的需要制成内外合模。泥浆注满内外合模之间，没有多余的泥浆。它可以按需要制成不同厚薄的坯体，并可避免变形。但此方法比空心注浆难度大，主要是由于泥浆中的气体不易从坯体中排除，泥浆难以注满，且易出现泡孔，故多用真空注浆和压力注浆等方法，如调羹（针匙）、鱼盘（长盘）等，均可用此种成型方法。

③ 离心力注浆：是将石膏模放置在旋坯车上，在旋坯车旋转时进浆成型。此种坯体由于在旋转时进浆，因受离心力作用，泥浆颗粒排列整齐，气泡少，可减少变形和起泡等现象。

注浆成型是一种较方便、灵活、易于掌握的制坯方法，打破了旋坯车轮制圆形器皿的局限。它不但可以制作圆形产品，而且可以制作多边形和异形器皿的坯体。

（5）热压铸成型

热压铸成型是指在粉末中加入塑料，用与树脂成型相同的方法进行成型。该法虽适用于复杂部件的成型，但若黏合剂用量超过 15% ~ 25%，则脱模困难。对于大型、厚壁制品不宜采用这种方法。

（6）传统的手工成型

① 修坯成型：制坯程序是，先将瓷泥做成粗坯，等干燥后，再放置在修坯车上，用刀具将粗坯修成所需要厚薄的各式中空形体。手工修坯比较简便自由，做工精细，但要有一定的技术和经验。为了防止变形，可在坯体适当的部位按成型需要的泥坯厚薄加工处理，不需要制模等过程，故宜做各种批量小、难度大、品种多的产品，如制作高级陈设瓷和日用细瓷。

② 圆器成型：圆器成型制坯也是一种传统的手工制坯方法。它主要用于制作各种碗、盘类圆形产品，故称“圆器”。它的制作方法是：先将瓷泥放在旋坯车上做成毛坯（粗坯），干燥到一定程度，覆盖在预先制成黄泥或石膏以及其他原料制成的内模上拍打，统一整形成初坯，等干后，再放置在旋坯车上修正外形而成。自发展压坯成型后，由于压坯速度快，产量高，规模统一，因此，基本以压坯成型代替了圆器成型方法。

③ 镶接成型：用瓷泥打压制成一定厚度、平整的泥片，按造型需要，切割成若干形体，再准确地用泥浆镶接成为各种形体，称为“镶器”。此法坯体较规整，但难度大，技巧高，不易掌握。故多作为传统的成型方法保留，很少使用，是江苏宜兴鼎蜀镇制作紫砂陶器皿的传统方法。

造型的基本要点如下。

① 陶瓷制品的功能：包括物质功能和精神功能。

② 造型形体。

③ 物质技术条件。

造型的 3 个基本要点中，功能效用居于主导地位，决定着陶瓷制品的基本形体和结构。

例如，咖啡瓷杯和咖啡瓷碟的造型就涉及使用咖啡碟的人和环境，咖啡杯碟的使用过程是动、静交替，特别是有些人习惯于站着喝饮料，这便于走动交谈，既能融洽气氛，又显举止高雅。这时，咖啡碟的作用越显清楚：其一是使得中间的“月心”相当于与杯底吻合的凹面，可在一定程度上保持杯与碟的配合使用，给杯定位，以防止杯子在使用时易于滑动；其二是能将杯内洒出的咖啡饮料承接在碟内，以免污染台面或地面；其三是杯、碟的空间尺寸安排还牵涉端拿它们的人手尺度与动作，使用时置放小勺和方糖的可能性，以及非使用状态下杯口倒扣于碟中时杯把能容下与否等与常识有关的问题（图 4-3）。

图 4-3　杯与托碟的扣合

另外，为了便于端拿，可将几合（一杯一碟为一合）摞在一起。因此，要求杯的口径与碟的底径（足圈）能相互扣合。一般是碟底径大于杯子口，碟底圈套在杯口上。也有杯子口径大于碟底径的，碟底圈套入杯口内。而前者较为卫生（图 4-4）。

图 4-4　杯与托碟的摞叠

4.1.3　陶瓷造型中的人机工程学

手是人体中接触物品最多的器官，日用陶瓷都会以不尽相同的方式在其应用中与手发生关系。因而，制品须传递给人一种良好的手感，即符合人手基本结构尺度、动作范围和方式的许可程度。

例如人们用茶壶时有不同的端拿方式——端把方式、提梁方式、侧握方式、一把抓方式等，因而便有相应的制品形态出现（图 4-5）。对端把方式的壶把手而言，有只需容纳一指空间的小壶，也有容量偏中、允许两指伸缩自如的壶把手空间，还有可允许三指左右空间设计的大壶把手。由此可见，壶体容量大小与把手空间有关，而把手空间安排要视手指的承受能力和活动方式而定。假设在一把大壶上配以小把手，人们只能用一指的承受力去做端拿倒茶的动作，此刻的生理感受与心理感受是可想而知的。当然，在一把大壶上配以过大的把手，除了在工艺上容易变形外，大跨度无疑增加了壶的重量或手的承受力。

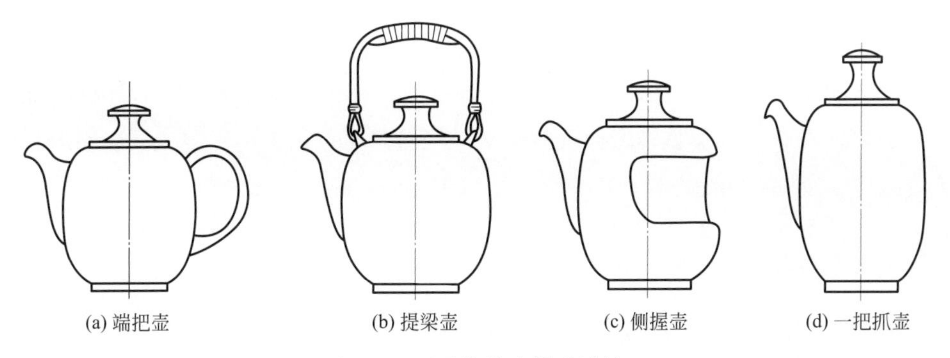

图 4-5　不同的茶壶提手设计

发展到近代，特别讲究力学上的合理和触觉上的舒适。一个把手如果是圆形的，虽然也可以端拿使用，但握在手中不够稳，比较吃力。后来发展成为扁圆形，并且保持一定的棱角，但又不锋利，使触觉感到舒适，用手握着很得力。此外茶壶一类容器的尺度主要是由“容量”决定的，在其容量不变的情况下，造型的高度和宽度允许变化，但是这种变化在尺寸方面是有一定限度的。在人们日常生活中会遇见超过习惯尺度及体量过大的陶瓷杯、壶、碗等，虽然不影响使用，但给人的感觉是笨重、不舒适。

同样道理，从嘴唇与杯碗等的接触来说，为什么有的杯碗就是饮用不尽里面的东西，或是用起来很难受？问题出在与人相关的人机参数选择得不合理。例如口底小、腹部大的杯子，人们很难干净利索地喝完其中的饮料，即使是仰起脖子或是抖动手中的杯子，到头来不是喝不干净，就是出现洒到脸上、身上的尴尬局面。功效好的陶瓷制品除达到其本身的目的外，还具有一种无形的力量影响人的心境。例如出水流畅、端拿省心、便于清洗和触觉良好的茶壶必然会给人以某种得心应手或爱不释手的感觉，这就是设计的结果。

4.1.4 陶瓷在产品设计中的应用

4.1.4.1 现代陶瓷

现代陶瓷产品种类很多，在建筑、卫生洁具、餐具、各种工艺品和工业用具中广泛应用。

(1) 建筑陶瓷

包括瓷质砖、锦砖（马赛克）、细炻砖、仿石砖、彩釉砖、琉璃砖和釉面砖等。产品具有良好的耐久性和抗腐蚀性，其花色品种及规格繁多（边长在5 ~ 100cm之间），主要用作建筑物内、外墙和室内、外地面的装饰。

（2）卫生陶瓷及卫浴产品

包括洗面器、便器、淋浴器、洗涤器、水槽等。该类产品的耐污性、热稳定性和抗腐蚀性良好，具有多种形状、颜色及规格，且配套齐全，主要用作卫生间、厨房、实验室等处的卫生设施。除此之外，还有陶瓷浴缸等卫浴产品。

（3）美术陶瓷

包括陶塑人物、陶塑动物、微塑、器皿等。产品造型生动、传神，具有较高的艺术价值，款式及规格繁多。主要用作室内艺术陈设及装饰（图4-6）。

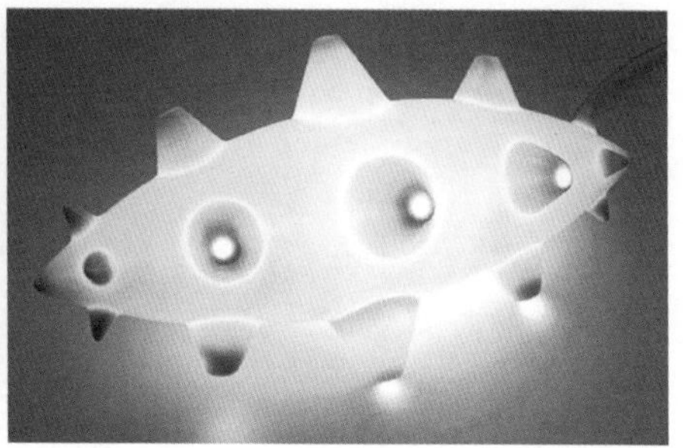

图4-6　英国斯塔福德郡的ITEM制作室制作的陶瓷灯

（4）园林陶瓷

包括中式、西式琉璃制品及花盆等。产品具有良好的耐久性和艺术性，并有多种形状、颜色及规格，特别是中式琉璃的瓦件、脊件、饰件配套齐全，用作园林式建筑的装饰。

（5）烹饪陶瓷

包括细炻餐具、陶质砂锅。要求产品热稳定性好，基本没有铅、镉溶出，具有多种款式及规格。

4.1.4.2　特种陶瓷

（1）结构陶瓷

与金属材料相比，陶瓷的最大优点是优异的高温力学性能、耐化学品腐蚀、耐高温氧化、耐磨损、密度小（约为金属的 1/3），因而在许多场合逐渐取代昂贵的超高合金钢或被应用到金属材料根本无法胜任的场合，如发动机与缸套、轴瓦、密封圈、陶瓷切削刀具等。

结构陶瓷可分为三大类：氧化物陶瓷、非氧化物陶瓷和玻璃陶瓷。

① 氧化物陶瓷：氧化物陶瓷主要包括氧化铝、氧化铬、莫来石和钛酸铝。氧化物陶瓷最突出优点是不存在氧化问题，原料价格低廉，生产工艺简单。氧化铝和氧化铬具有优异的室温力学性能、高硬度和耐化学品腐蚀性，主要缺点是在 1000℃以上高温蠕变速率高，力学性能显著降低。氧化铝和氧化铬主要应用于陶瓷切削刀具、陶瓷磨料球、高温炉管、密封圈和玻璃熔化池内衬等。莫来石的室温强度属中等水平，但它在 1400℃仍能保持这一强度水平，并且高温蠕变速率极低，因此被认为是陶瓷发动机的主要候选材料之一。它的主要缺点是强度低，无法单独作为受力元件，所以一般用它加工内衬用作保温、耐热冲击元件，并已在陶瓷发动机上得到应用。

② 非氧化物陶瓷：非氧化物陶瓷主要包括碳化硅、氮化硅和赛龙（SIALON）。与氧化物陶瓷不同，非氧化物陶瓷原子间主要是以共价键结合在一起，因而具有较高的硬度、模量、蠕变抗力，并且能把这些性能的大部分保持到高温，这是氧化物陶瓷无法比拟的。这些含硅的非氧化物陶瓷还具有极佳的高温耐蚀性和抗氧化性，因此一直是陶瓷发动机最重要的材料，目前已经取代了许多超高合金钢部件。现有最佳超高合金钢的使用温度低于 1100℃，而发动机燃料燃烧的温度在 1300℃以上，因而普遍采用高压水强制制冷。

非氧化物陶瓷也广泛应用于陶瓷切削刀具。与氧化物陶瓷相比，其成本较高，但高温韧性、强度、硬度、蠕变抗力优异得多，并且刀具寿命长、允许切削速度高，因而在刀具市场占有日益重要的地位。它的应用领域还包括轻质无润滑陶瓷轴承、密封件、窑具和磨球等。

③ 玻璃陶瓷：玻璃和陶瓷的主要区别在于结晶度，玻璃是非晶态而陶瓷是多晶材料。玻璃在远低于熔点以前存在明显的软化，而陶瓷的软化温度与熔点很接近，因而陶瓷的力学性能和使用温度要比玻璃高得多。玻璃的突出优点是可在玻璃软化温度和熔点之间进行各种成型，工艺简单而且成本低。玻璃陶瓷兼具玻璃的工艺性能和陶瓷的力学性能，它利用玻璃成型技术制造产品，然后高温结晶化处理获得陶瓷。常被用来制造耐高温和热冲击产品，如炊具。此外它们作为建筑装饰材料正得到越来越广泛的应用，如地板、装饰玻璃。

（2）功能陶瓷

功能陶瓷是指具有一定特殊声、光、电、磁、热等物理、化学性能的陶瓷材料。功能陶瓷因其原材料、制备方法的多种多样而具有不同的功用，形成不同种类。按照其化学组成可分为氧化物陶瓷和非氧化物陶瓷。

按材料的功能可以把其分为许多类。

① 光功能陶瓷：荧光、透光、反光、偏振光等功能陶瓷。

② 电功能陶瓷：绝缘、导电、压电、超导等功能陶瓷。

③ 磁功能陶瓷：磁性、磁光等陶瓷。

④ 敏感性陶瓷：热敏、光敏、湿敏、压敏、色敏等陶瓷。

⑤ 生物化学陶瓷：生物医学陶瓷、催化陶瓷、耐腐蚀性陶瓷、吸附陶瓷及核反应陶瓷（吸水中子陶瓷、中子减速陶瓷）等。

其他的新型特种陶瓷还有陶瓷复合材料、多孔陶瓷、生物陶瓷等。

4.1.5 陶瓷设计实例分析

阿莱西公司的很多产品因“诗意有趣”而著称，其注重产品的情感设计，包括回归自然的设计、具有民俗文化特色的设计、具有趣味性的设计、利用卡通造型的设计、制作工艺精良等方面。有趣的、能够唤起人们情感体验的产品更受欢迎。如图 4-7 所示的两款厨房用瓷器的设计造型圆润，线条有机，餐盘宛如沙滩上的零星贝壳；而茶具又仿佛自然生成的不规则外形，在尊重传统的基础上赋予产品与人情感交流的特点。

图 4-7 阿莱西公司的陶瓷品设计

/ 4.2 / 玻璃

4.2.1 玻璃概述

玻璃是熔融、冷却、固化的非结晶（在特定条件下也可能成为晶态）无机物。中国古代称为琉璃，是指熔融物冷却凝固所得到的非晶态无机材料。人们通常所见的大多是人造玻璃，而最早使用的玻璃，是火山爆发时，热岩浆喷出地表，迅速冷凝硬化后形成的天然玻璃。在古埃及和美索不达米亚，玻璃已为人们所熟悉。约在公元前 1600 年，埃及已兴起了正规的玻璃手工业，当时首批生产的有玻璃珠和花瓶。然而，由于熔炼工艺不成熟，玻璃还不透明，直到公元前 1300 年，玻璃才能做得略透光线。考古证明，早在 3000 多年前的西周时期，中国就能生产玻璃。从春秋晚期开始，外国玻璃制品和技术陆续传入中国并带动了本土玻璃的发展，但古代中国的玻璃制造技术一直不受重视并长期落后于西方。

当今玻璃已经成为现代人们日常生活、生产发展、科学研究中不可缺少的一类产品，这是因为玻璃的以下优点。

① 玻璃具有一系列独特的性质，例如透光性好、化学稳定性能好。

② 玻璃具有良好的加工性能，如可进行切、磨、钻等机械加工和化学处理等。

③ 制造玻璃所用原料，在地壳上分布很广，特别是 SiO_2 蕴藏量极为丰富，而且价格也较便宜。

玻璃在现代的使用主要有：在民用建筑和工业中，大量应用窗玻璃、夹丝玻璃、空心玻璃砖、玻璃纤维制品、泡沫玻璃等（图 4-8）；交通运输部门大量使用钢化玻璃、磨光玻璃、有色信号玻璃等；化工、食品、石油等工业部门，常常使用化学稳定性和耐热性优良的玻璃；日常生活中所使用的玻璃器皿、玻璃瓶罐、玻璃餐具等更为普遍（图 4-9）。科学技术部门以及国防领域中则广泛应用光学玻璃。电真空玻璃用于制造电子管、电视荧光屏以及各种照明灯具。玻璃纤维和玻璃棉可制成玻璃钢、隔热材料及电绝缘材料。随着 X 射线技术、近代原子能工业和宇宙空间技术的发展，各种新型的特种玻璃不断出现。

图 4-8　卢浮宫入口的玻璃建筑

图 4-9　管道玻璃杯

4.2.1.1　玻璃的组成与分类

玻璃的主要成分是 SiO_2，一般通过熔烧硅土（砂、石英或燧石），加上碱（苏打或钾碱、碳酸钾）而得到，其中碱作为助熔剂，也可以加入其他物质，例如石灰（提高稳定性）、镁（去除杂质）、氧化铝（提高光洁度），或加入各种金属氧化物得到不同的颜色。

按组成玻璃的化学成分分类见表 4-2。按玻璃的特性和用途分类见表 4-3。

表 4-2　按组成玻璃的化学成分分类

<table>
<tr><th>种类名</th><th>主要成分</th><th>特性</th><th>熔融温度 /℃</th><th>操作温度 /℃</th><th>用途</th></tr>
<tr><td>碳酸钠石灰玻璃</td><td>SiO_2
Na_2O
CaO</td><td>用途广泛，微溶于水</td><td rowspan="2">约 1400</td><td rowspan="2">约 1200</td><td>平板玻璃、餐具、器皿</td></tr>
<tr><td>碳酸钠石灰铝玻璃</td><td>SiO_2 Na_2O
CaO Al_2O_3</td><td>难溶于水</td><td>啤酒瓶、酒瓶</td></tr>
<tr><td>铅玻璃</td><td>K_2O
ZnO
SiO_2</td><td>较软、易溶、密度大、屈折率大、有金属的响声</td><td>约 1300</td><td>约 1100</td><td>光学用玻璃、装饰用玻璃</td></tr>
<tr><td>钾石灰玻璃</td><td>K_2O
CaO
SiO_2</td><td>具有较强的力学性能、耐腐蚀，曲折率大</td><td>—</td><td>—</td><td>光学用玻璃、人造宝石、化学用玻璃</td></tr>
<tr><td>硼酸硅玻璃</td><td>SiO_2 Na_2O
CaO Al_2O_3
BaO</td><td>膨胀率小、耐热耐酸、绝缘性好</td><td>约 1500</td><td>约 1300</td><td>电真空管用玻璃、光学用玻璃、化学用玻璃、安瓿玻璃</td></tr>
<tr><td>碳酸钡玻璃</td><td>SiO_2 Na_2O
CaO
BaO</td><td>易溶、密度大</td><td>—</td><td>—</td><td>光学用玻璃</td></tr>
<tr><td>石英玻璃</td><td>SiO_2</td><td>膨胀率小、耐热</td><td>—</td><td>—</td><td>电器玻璃、化学用玻璃</td></tr>
</table>

表 4-3　按玻璃的特性和用途分类

类型	热性及用途
容器玻璃	具有一定的化学稳定性、抗热震性和一定的机械强度，能够经受装罐、杀菌、运输等过程；可用于盛放饮料、食品、药品、化妆品等
建筑玻璃	具有采光和防护功能，应该具有良好的隔声、隔热和艺术装饰效果；可用于建筑物的门、窗、屋面、墙体及室内外装饰

续表

类型	热性及用途
光学玻璃	无杂质、无气泡，对光纤有严格的折射、反射数据；用作望远镜、显微镜、放大镜、照相机及其他光学测量仪器的镜头
电真空玻璃	具有较高的电绝缘性和良好的加工、封接气密性能；可做灯泡壳、显像管、电子管等
泡沫玻璃	气孔占总体积的 80% ~ 90%，具有密度小、隔热、吸声、强度高等优点，可采用锯、钻、钉等机械加工；应用于建筑、车辆、船舶的保温、隔声、漂浮材料
光纤	直径小，工艺要求高；用于传输光能、图像、信息的光缆等
特种玻璃	具有特殊用途，如半导体玻璃、激光玻璃、微晶玻璃、防辐射玻璃、声光玻璃

4.2.1.2 玻璃熔制

玻璃熔制是玻璃生产过程中最重要的阶段。因为熔窑的熔化能力、玻璃的均匀性以及玻璃的许多缺陷，主要取决于玻璃熔制过程的合理进行。

玻璃熔制是一个极其复杂的过程。在此过程中按照一定质量比例由各种原料所组成的均匀配合料，在高温作用下生成均匀而黏滞的硅酸盐熔体，称为玻璃液。

玻璃熔制过程可以分为以下 4 个阶段。

① 硅酸盐的形成：普通器皿玻璃是由硅酸盐组成的。当配合料受热时，在其中进行无数各式各样物理和化学变化，这些变化的结果，生成了硅酸盐熔体。

② 玻璃的形成：玻璃的形成是硅酸盐形成过程的继续。随着温度继续升高（1200℃左右），各种硅酸盐开始熔融，同时未熔化的砂粒和其他颗粒也被全部熔解在硅酸盐熔融体中而成为玻璃液，这一过程称为玻璃态的形成过程。

③ 玻璃液的澄清和均化：在玻璃形成阶段，所形成的熔融体是很不均匀的，同时还含有大量的大小气泡，所以必须进行澄清和均化。所谓澄清就是从玻璃液中除去可见气泡的过程，而均化的目的则是通过对流扩散、质点运动和放出气泡的搅拌作用，以使玻璃液达到均匀。澄清和均化这两个过程是同时进行的。

玻璃熔体中夹杂气泡是玻璃制品的主要缺陷之一。它破坏了玻璃的均一性、透光性、机械强度和热稳定性，导致了玻璃制品质量的降低。所以严格控制澄清过程是熔制工艺中的关键环节。

④ 玻璃液的冷却：冷却是玻璃熔制过程中的最后一个阶段。澄清的玻璃液温度仍然很高（大约在 1400℃），但这时玻璃液的黏度还很小，不适应玻璃制品的成型需要，故必须将玻璃液冷却使其温度降到 200 ~ 300℃，以增加黏度，使其适合于制品的成型操作。

冷却时只允许个别大气泡存在于液体表面，它们在冷却过程中能自行逸出，同时在高温下随着玻璃液的冷却，气体在玻璃液中的溶解度也随之增加。有少数气体（小气泡）溶解于玻璃液中，而不易被肉眼所察觉。不同成分的玻璃都应有各自的冷却制度，特别是用硒、铬、碳等着色的颜色玻璃。玻璃制造流程如图 4-10 所示。

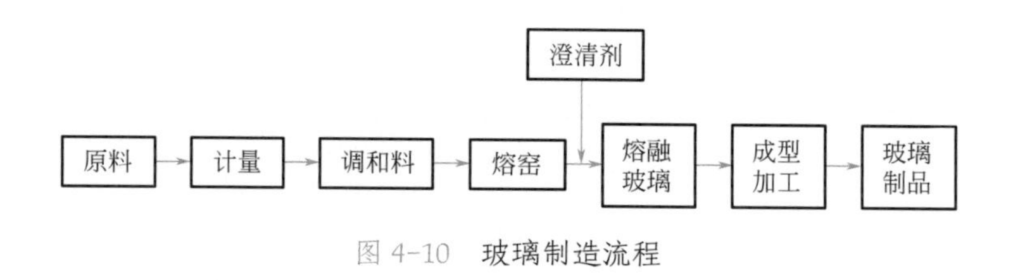

图 4-10　玻璃制造流程

4.2.1.3　玻璃的基本性能

玻璃的原料及加工过程决定了一般玻璃的基本性能有如下几方面。

① 玻璃的强度取决于其化学组成、杂质含量及分布、制品的形状、表面状态和性质、加工方法等。玻璃是一种脆性材料，其强度一般用抗压强度、抗张强度等来表示。玻璃的抗张强度较低，由于玻璃的脆性和玻璃表面的微裂纹所引起的。玻璃的抗张强度较低，是由玻璃的脆性和玻璃表面的微裂纹所导致的。

② 玻璃的硬度较大，仅次于金刚石、碳化硅等材料，它比一般金属更硬，不能用普通刀锯切割。玻璃的硬度值在莫氏硬度 5 ~ 7 之间。可根据玻璃的硬度选择磨料、磨具和加工的具体方法，如雕刻、抛光、研磨和切割等。

③ 玻璃是一种高度透明的物质，具有一定的光学常数、光谱特性，具有吸收或透过紫外线和红外线、感光、光变色、光储存和显示等重要光学性能。通常光线透过越多，玻璃质量越好。由于玻璃品种较多，各种玻璃的性能也有很大的差别，如有的铅玻璃具有防辐射的特性。一般通过改变玻璃的成分及工艺条件，可使玻璃的性能有很大的变化。

④ 电学性能。常温下玻璃是电的不良导体。而温度升高时，玻璃的导电性迅速提高，熔融状态时变为良导体。

⑤ 热性质。玻璃是热的不良导体，一般承受不了温度的急剧变化。制品越厚，承受温度急剧变化的能力越差。

⑥ 化学稳定性。玻璃的化学性质较稳定。玻璃的耐酸腐蚀性较高，而耐碱腐蚀性较差。一般玻璃长期受大气和雨水的侵蚀，会在表面产生磨损，失去表面的光泽。

4.2.1.4　常用的玻璃材料

（1）中空玻璃

中空玻璃是将两片以上的平板玻璃用铝制空心边框固定住，用胶结或焊接密封，中间充以干燥空气，具有隔热、隔声、防结霜等优良性能，能在 −25 ~ −40℃条件下正常使用，是现代不可缺少的门窗构件，保温隔热的节能效果较好。

（2）夹层玻璃

夹层玻璃是把两片玻璃或多片玻璃用有机胶黏合在一起，使玻璃强度增加。当外层玻璃受到冲击发生破裂时，碎片被胶粘住，只形成辐射状裂纹，不致因碎片飞散造成人身伤亡事故。它主要用于汽车风挡、船舶、飞机、火车及高层建筑等。

（3）钢化玻璃

钢化玻璃是将普通退火玻璃先切割成要求尺寸，然后加热到接近软化点，再进行快速均匀的冷却而得到的。钢化处理后玻璃表面形成均匀压应力，而内部则形成张应力，使玻璃的抗弯和抗冲击强度得以提高，其强度约是普通退火玻璃的 4 倍以上。钢化玻璃破碎后，碎片呈均匀的小颗粒并且没有刀状的尖角，使用起来具有一定的安全性。

（4）防火玻璃

防火玻璃是一种新型的建筑用功能材料，具有良好的透光性能和防火阻燃性能。它是由两层或两层以上玻璃用透明防火胶黏结在一起制成的。平时它和普通玻璃一样是透明的，在遇火几分钟后，中间膜即开始膨胀，产生很厚的像泡沫状的绝热层，这种绝热层能够阻止火焰蔓延和热传递，把火灾限制在着火点附近的小区域内，起到防火保护作用。可作为高级宾馆、影剧院、展览馆、机场、体育馆、医院、图书馆、商厦等公共建筑，以及其他没有防火分区要求的民用和公用建筑的防火门、防火窗及防火隔断等的理想防火材料。

（5）镀膜玻璃

镀膜玻璃是在玻璃表面涂镀一层或多层金属、合金或金属化合物薄膜，以改变玻璃的光学性能，满足某种特定要求。镀膜玻璃按产品的不同特性，可分为以下几类：热反射玻璃、低辐射玻璃（Low−E）、导电膜玻璃等。镀膜玻璃的生产方法很多，主要有真空磁控溅射法、真空蒸发法、化学气相沉积法以及溶胶 − 凝胶法等。磁控溅射镀膜玻璃利用磁控溅射技术可以设计制造多层复杂膜系。

（6）镶嵌玻璃

镶嵌玻璃是指由许多经过精致加工的小片异型玻璃，用晶亮的金属条镶嵌成一幅美丽的图案，两面用钢化玻璃或浮法玻璃以中空的形式将图案封在两层玻璃中，构成完整的玻璃构件，用以装潢建筑物门、窗、屏风等。既美化居室，又能起到中空玻璃的隔声隔热效果。

（7）微晶玻璃

微晶玻璃是在高温下使结晶从玻璃中析出而成的材料，由结晶相和部分玻璃相组成，尽管抛光板的表面光洁度远高于石材，但是光线无论由任何角度射入，经由结晶微妙的漫反射方式，均可形成自然柔和的质感，毫无光污染。微晶玻璃的吸水率几近为零，所以水不易渗入，不必担心冻结破坏以及铁锈、混凝土泥浆、灰色污染物渗透内部，附着于表面的污物也很容易擦洗干净。

（8）玻璃马赛克

玻璃马赛克是由石英、长石、纯碱、氟化物等配合料经高温熔制后再加工成方形的玻璃制品（一般规格为 20mm × 20mm；25mm × 25mm）。它具有各种颜色，呈乳浊或半乳浊状。玻璃马赛克具有耐腐蚀、不褪色、色彩绚丽、洁净、价廉、施工方便等优点，主要用于外墙装饰。

（9）喷雕玻璃和彩绘玻璃

喷雕玻璃和彩绘玻璃是融艺术及技术为一体的装饰产品，喷雕玻璃分为平画雕刻和立体雕刻，可在玻璃表面上雕刻出有层次的花鸟、山水等各种图案，用它制成玻璃家具、工艺品隔断、屏风、壁画等多种产品，可为室内装饰营造出晶莹通透的气氛，是宾馆、酒家及家庭内装饰的极好材料。

（10）防弹玻璃

防弹玻璃由多片不同厚度的透明浮法玻璃和多片 PVB 胶片科学地组合而成，为了增强玻璃的防弹性能，玻璃的厚度和PVB的厚度均增加了。由于玻璃和PVB胶片黏合得非常牢固，几乎成为一个整体，且因玻璃具有较高的硬度而 PVB 胶片具有良好的韧性，当子弹接触到玻璃后，其冲击能量被削弱到很低的程度甚至为零，所以不能轻易穿透。同样，金属的撞击也只能将玻璃击碎而不能穿透，因此起到防弹的效果。防弹玻璃主要用作军事防御、银行柜台的护卫玻璃、珠宝玉器和金银首饰等贵重物品展示柜以及其他特定的工作生活场所。

4.2.2 玻璃材料在产品设计中的运用

（1）玻璃艺术品

当代玻璃器皿的设计不仅仅是单纯的功能设计，而且包含着对玻璃器皿的功能、工艺技术和美观等因素的统一的整体设计，这种设计展示了人类驾驭玻璃材料、运用技术手段的能力和创造艺术美的才华，高度体现了玻璃材料卓越的工艺技术和艺术化表现方式的完美结合，充分展现了玻璃材质的自然美感，形成了当代玻璃器皿的设计风格——玻璃艺术（图 4-11），以致玻璃在日益融入人们物质生活的同时，也一步步登上了艺术的殿堂。

图 4-11　艺术玻璃

（2）汽车玻璃

汽车玻璃以前挡风玻璃为主（图 4-12）。汽车挡风玻璃的安全性能是非常重要的。如果安全性能低，它对乘员身体可能造成很大的危险。一般的汽车玻璃采用硅玻璃，其中主要成分二氧化硅含量超过 70%，其余由氧化钠、氧化钙、镁等组成，通过浮法工艺制成，其设计使用与车的造型密不可分，但使用的部位相对来说比较固定。

（3）家具玻璃

传统家具中，一般只在橱柜等门叶的设计中，采用一些平板玻璃。但是，随着世界家居风格流行潮流的变化，相当一部分人越来越喜欢晶莹剔透的玻璃家具。这是因为和传统的木材家具相比，玻璃的实用性并不逊色，同时，玻璃更具有宝石般的材质感觉，借助现代高超的加工工艺结合木材、金属应用，其造型更具有独特的艺术效果。

图 4-12　玻璃在汽车上的应用

（4）建筑玻璃

玻璃的应用从建筑开始就发挥出更大的作用，通过玻璃，人们逐渐消除了室内外的界限，将自然光引入了室内。中世纪，哥特式建筑的教堂使用了彩色玻璃镶嵌的花窗，当阳光透过时，映射着神秘的光彩，造成一种向上升华、天国神圣的幻觉。

20 世纪，建筑内部的钢铁框架结构有了进一步的发展，使玻璃在建筑中的使用面积更大。而在建筑内部，楼梯、地砖等处也有了玻璃的用武之地。采用压延方法制造的压花玻璃和一些经过特殊处理的不透明玻璃的最大的特点是透光不透明，多用于洗手间等区域的装修。科技发展至今，玻璃已成为设计师们不可缺少的建筑装饰材料。由于玻璃特有的透光质地，使它不仅用于门窗，还逐步取代砖瓦、混凝土而用于墙体，同时通过研磨、刻花、镶嵌、彩饰等加工方法提高装饰效果，使建筑中玻璃的运用逐渐超出了实用功能的要求。

（5）器皿玻璃

早在中国清代，用玻璃做各种器皿就已经成为一种流行。由于清宫玻璃器具有独特的中国风格，工艺精美，所以深受各国人们的赞赏。欧洲和北美洲的一些大博物馆都收藏有中国清代宫廷玻璃器，尤其是乾隆时期的作品。

现代常用的玻璃器皿包括日用器皿、艺术品和装饰品。这类玻璃透明度高，一般为无色或鲜艳的彩色，表面光洁度高，通过不同的表面处理也可以加工清晰美观的图案。器皿玻璃一般都有较好的抗热震性、化学稳定性及机械强度。

4.2.3　玻璃的加工工艺

将熔融的玻璃液加工成具有一定形状、尺寸的玻璃制品需要经过一系列的加工过程，包括成型加工和二次加工，为了保证玻璃制品的强度和热稳定性等特性，还需对玻璃进行淬火和回火等热处理。

4.2.3.1 玻璃的成型加工

常见的玻璃成型方法有：压制成型、吹制成型、拉制成型和压延成型等。

（1）压制成型

压制成型是在模具中加入玻璃熔料后加压成型。一般用于加工容易脱模的造型，如较为扁平的盘碟和形状规整的玻璃砖。

（2）吹制成型

吹制成型是先将玻璃黏料压制成雏形型块，再将压缩气体吹入热熔融的玻璃型块中，吹胀使之成为中空制品。这样的加工方法用于加工瓶、罐等形状的器皿。

（3）拉制成型

拉制成型是利用机械拉引力将玻璃熔体成型的方法，分为垂直拉制和水平拉制。主要用于加工平板玻璃、玻璃管、玻璃纤维等，制造时精确的厚度和均匀度较难控制。

（4）压延成型

压延成型是利用金属辊的滚动将玻璃熔融体压制成板状制品。在生产压花玻璃、夹丝玻璃时使用较多。

（5）浮法成型

熔融玻璃从池窑中连续流入并漂浮在密度大的锡液表面，在重力和表面张力的作用下，玻璃液在锡液面上铺开、摊平。再经过一系列的处理，得到上下表面平整、互相平行、厚度均匀的优质平板玻璃，目前是大幅面平板玻璃的主要成型方法。

4.2.3.2 玻璃的热处理

不管采用什么加工方法，在玻璃制品生产加工中，由于温度变化的剧烈和不均匀性，玻璃制品内部会产生热应力，降低产品的强度和热稳定性。而加工过程中结构变化的不均匀也会导致光学性质的不均匀。因此玻璃制品成型后都要经过热处理，包括退火和淬火两种工艺。

① 退火：消除制品内部的热应力，使内部结构均匀。

② 淬火：在玻璃表面形成一个有规律、均匀分布的压力层，提高玻璃制品的机械强

度及热稳定性。

4.2.3.3 玻璃的二次加工

成型后的玻璃制品往往还需要再次加工，改善其表面性质、外观质量和外观效果，成为符合要求的制品。

（1）成型加工

玻璃的二次成型加工，包括玻璃的切割、钻孔等。传统的玻璃和玻璃制品的切割方式是使用金刚石砂轮和高硬度金属轮的机械加工方法或者采用火焰切割和抛光。在机械切割中，用砂轮或机械轮在玻璃上进行刻划，产生沿着切割方向的切向张力，从而使玻璃沿着划痕裂开。但是这种方法所切割的边缘不平滑，有微小裂痕，材料残存不对称边缘应力以及残留碎屑等。所以必须进行切后边缘打磨并且抛光，甚至进行热处理，以强化边缘。也可使用激光切割的方法，使加工边缘强度更高，并可一步完成全部的加工工序。

（2）表面处理

玻璃的表面处理是对玻璃成型加工后为了获得所需的表面效果而做的处理，包括：消除表面缺陷的研磨、抛光、磨边处理；形成特殊效果的喷砂、车刻、蚀刻、彩饰、涂层等。

① 研磨：磨除玻璃制品表面缺陷或成型后残存的凸出部分。

② 抛光：用抛光材料消除玻璃表面在研磨后仍残存的缺陷，获得光滑平整的表面。

③ 磨边：磨出玻璃边缘棱角和磨去粗糙截面。

④ 喷砂：通过喷枪用压缩空气将磨料喷射到玻璃表面，形成花纹。

⑤ 车刻：用砂轮在玻璃制品表面刻磨图案。

⑥ 蚀刻：先在玻璃表面涂覆石蜡等保护层并在其上刻绘图案，再利用化学物质（多用氢氟酸）的腐蚀作用，蚀刻所露出的部分，然后去除保护层，即得到所需图案。

⑦ 彩饰：利用彩色釉料对玻璃表面进行装饰。在进行完彩饰后，还要进行烧制，使釉料牢固地熔附在玻璃表面，并且使彩釉表面平滑、光亮、色彩鲜艳而持久。

彩饰常见方法有以下几种。

a. 描绘——直接用笔蘸釉料进行涂绘。

b. 喷花——先制作所要图案的镂空型版，将其紧贴在玻璃制品表面，然后用喷枪喷出釉料。

c. 贴花——用彩色釉料在特殊纸上印刷所需图案，再将花纸贴到制品表面。

d. 印花——采用丝网印刷，用釉料在制品表面印出图案。

4.2.4 玻璃设计实例分析

如图 4-13 所示，这款“甘蓝叶”花瓶本来是设计师阿尔托为他负责室内装修设计的赫尔辛基甘蓝叶餐厅所做的装饰品之一，因此花瓶最初得名“甘蓝叶”花瓶，直到 20 世纪 70 年代花瓶才以设计师的名字阿尔托命名。其设计趣味来自随意而有机的波浪曲线轮廓，完全打破了传统的对称玻璃器皿的设计标准。造型设计构思独特，完全突破了瓶子的概念，形式几乎没有规则，因而显得生机勃勃，波浪曲线轮廓象征着芬兰星罗棋布的湖泊，这款热卖多年并且仍然在销售的阿尔托花瓶几乎用了色谱中所有的色彩制作。

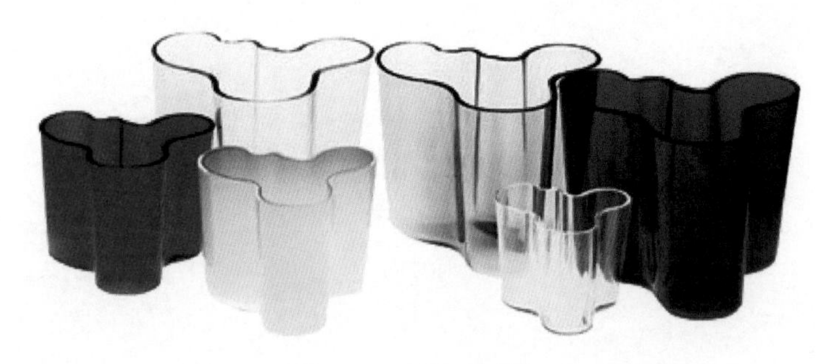

图 4-13　阿尔托花瓶

/ 思考与习题

1. 简述陶瓷的特点及分类。
2. 陶瓷的成型工艺有哪些，各自的适用范围如何？
3. 玻璃的性能特点是什么？
4. 试述玻璃的种类及成型工艺有哪些？

第 5 章
/ 木材及其加工工艺

/ 知识体系图

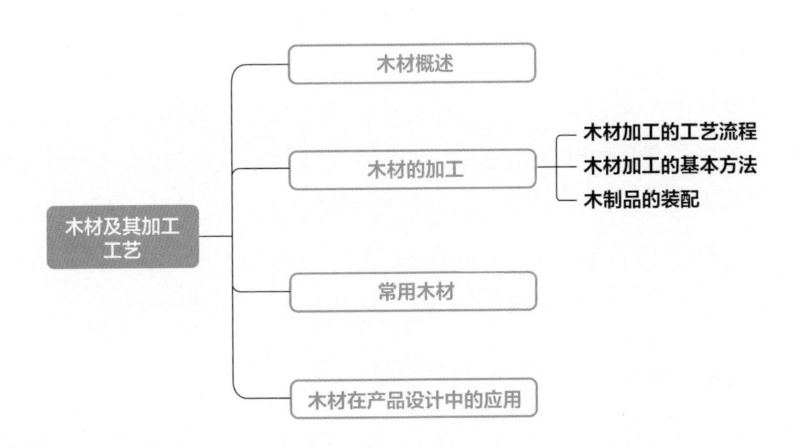

/ 学习目标

知识目标

1. 掌握木材的基本特性。
2. 了解木材的常用加工方法。
3. 了解常用木材制品的种类及应用。
4. 了解在木材设计中如何突破传统。

技能目标

1. 能够初步理解木制品的设计价值。
2. 能够初步进行木制品的创新造型设计。

/ 引例

突破天然材料的传统形式

作为历史悠久的天然材料，木材形成了应用独特的领域，在包括建筑、家具、乐器、工程等场合中依旧发挥着不可替代的作用；随着人造板材的出现，木材在成型工艺和性能方面出现了新的特点，拓展了木材的使用空间。如何在木制品传统形式下进行创新设计，在发挥木制品独特色泽和纹理的前提下，适应现代社会不断变换的形式需求，是设计师在了解木材基本知识的前提下所面临的挑战和机遇。

/ 5.1 / 木材概述

木材分针叶树和阔叶树两大类。针叶树多为常绿树，一般纹理顺直，树干高大，木质较软，所以又称软木。软木表观密度和胀缩变形较小，耐腐蚀性相对较强，以松、杉、柏为代表，是建筑工程中的主要用材，广泛用作承重构件，如梁、板、柱、屋架等。在农村等地区在装饰工程中常用于做门窗、木墙裙、门窗套、天花板、木地板、木模板等。阔叶树大多为落叶树，通直部分较短，木质较坚硬，故又称硬木。硬木一般加工较难，干湿变形大，易翘曲和开裂，不宜作承重构件。以水曲柳、桦、榆、柞木为代表，在农村少量用作椽条，主要用于制作工具、家具、镶木块体、木地板等。

（1）木材的基本性能

木材是由树木采伐后经初步加工而得的，由纤维素、半纤维素和木质素等组成。树干是木材的主要部分，由树皮、木质部和髓心三部分组成。

① 质轻：木材的相对密度因树种不同，一般在 0.3 ~ 0.8 之间，比金属、玻璃等材料的密度小得多，因而质轻坚韧，并富有弹性，纵向（生长方向）的强度大，是有效的结构材料，但其抗压、抗弯曲强度较差。

② 具有天然的色泽和美丽的花纹：不同树种的木材或同种木材的不同材区，都具有不同的天然悦目的色泽。如红松的心材呈淡玫瑰色，边材呈黄白色；杉木的心材呈红褐色，边材呈淡黄色等。又因年轮和木纹方向的不同而形成各种粗、细、直、曲形状的纹理，经旋切、刨切等多种方法还能截取或胶拼成种类繁多的花纹（图 5-1）。

③ 具有调湿特性：木材由许多长管状细胞组成。在一定温度和湿度下，对空气中的湿气具有吸收和放出的平衡调节作用。

④ 隔声吸声性：木材是一种多孔性材料，具有良好的隔声吸声功能。

图 5-1 木材的花纹

⑤ 具有可塑性：木材蒸煮后可以进行切片，在热压作用下可以弯曲成型，木材可以用胶、钉、榫眼等方法比较容易和牢固地接合。

⑥ 易加工和涂饰：易锯、易刨、易切、易打孔、易组合加工成型，且加工比金属方便。由于木材的管状细胞吸湿受潮，故对涂料的附着力强，易于着色和涂饰。

⑦ 对热、电具有良好的绝缘性：木材的热导率、电导率小，可做绝缘材料，但随着含水率增大，其绝缘性能降低。

⑧ 易变形、易燃：木材由于干缩湿胀容易引起构件尺寸及形状变异和强度变化，发生开裂、扭曲、翘曲等弊病。木材的着火点低，容易燃烧。

⑨ 各向异性：木材是具有各向异性的材料，即使是同一树种的木材，因产地、生长条件和部位不同，其物理、化学性质差异很大，使之使用和加工受到一定的限制。

（2）木材的工艺特性

木材的工艺特性是指将木材原材料通过木工手工工具或木工机械设备加工成构件，并将其组装成制品，再经过表面处理、涂饰，最后形成一件完整的木制品的技术过程。

/ 5.2 / 木材的加工

5.2.1 木材加工的工艺流程

每个构件加工前，都要根据被加工构件的形状、尺寸、所用材料、加工精度、表面粗糙度等方面的技术要求和加工批量大小，合理选择各种加工方法、加工机床、刀具、夹具等，拟定加工的每道工序和整个工艺过程。

木制品构件的形状、规格多种多样，其加工工艺过程一般为以下顺序。

（1）配料

配料就是按照木制品的质量要求，将各种不同树种、不同规格的木材，锯割成符合制品规格的毛料，即基本构件。

（2）基准面的加工

为了使构件获得正确的形状、尺寸和粗糙度的表面，并保证后续工序定位准确，必须对毛料进行基准面的加工，作为后续工序加工的尺寸基准。

（3）相对面的加工

基准面完成后，以基准面为基准加工出其他几个表面。

（4）划线

划线是保证产品质量的关键工序，它决定了构件上榫头、榫眼及圆孔等的位置和尺寸，直接影响到配合的精度和结合的强度。

（5）榫头、榫眼及型面的加工

榫结合是木制品结构中最常用的结合方式，因此，开样、打眼工序是构件加工的主要工序，其加工质量直接影响产品的强度和使用质量。

（6）表面修整

构件的表面修整加工应根据表面的质量要求来决定。外露的构件表面要精确修整，内部用料可不做修整。

5.2.2 木材加工的基本方法

（1）木材的锯割

木材的锯割是木材成型加工中用得最多的一种操作。按设计要求将尺寸较大的原木、板材或方材等，沿纵向、横向或按任一曲线进行开锯、分解、开样、锯肩、截断、下料时，都要运用锯割加工。

（2）木材的刨削

刨削也是木材加工的主要工艺方法之一。木材经锯割后的表面一般较粗糙且不平整，因此必须进行刨削加工。木材经刨削加工后，可以获得尺寸和形状准确、表面平整光洁的构件。

（3）木材的凿削

木制品构件间结合的基本形式是框架榫孔结构。因此，榫孔的凿削是木制品成型加工的基本操作之一。

（4）木材的铣削

木制品中的各种曲线零件，制作工艺比较复杂，木工铣削机床是一种万能设备，既可用于截口、起线、开榫、开槽等直线成型表面加工和平面加工，又可用于曲线外形加工，是木材制品成型加工中不可缺少的设备之一。

5.2.3 木制品的装配

按照木制品结构装配图以及有关的技术要求，将若干构件结合成部件，再将若干部件结合或若干部件和构件结合成木制品的过程，称为装配。木制品的构件间的结合方式，常见的有榫结合、胶结合、螺钉结合、圆钉结合、金属或硬质塑料连接件结合以及混合结合等。采取不同的结合方式对制品的美观和强度、加工过程和成本均有很大的影响，需要在产品造型设计时根据质量技术要求确定。下面简要介绍几种常用结合方式。

（1）榫结合

榫结合是木制品中应用广泛的传统结合方式。它主要依靠榫头四壁与榫孔相吻合，装配时，注意清理榫孔内的残存木渣，榫头和榫孔四壁涂胶层要薄而均匀，装榫头时用力不宜过猛，以防挤裂榫眼，必要时可加木楔，达到配合紧实（图 5-2）。

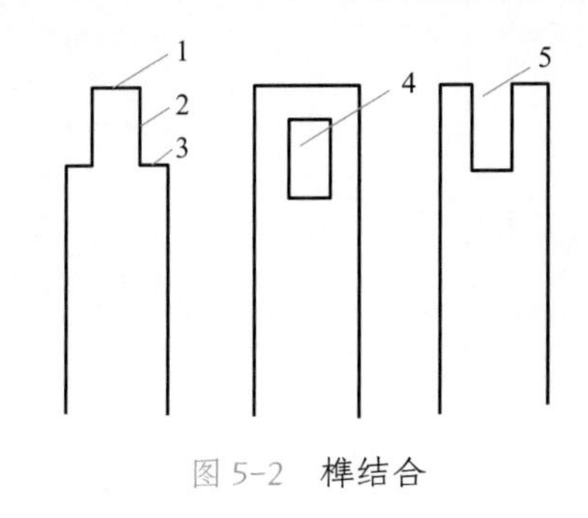

图 5-2 榫结合

1—榫端；2—榫颊；3—榫肩；4—榫眼；5—榫沟

榫头种类很多，主要有直角榫、圆榫和燕尾榫三种（图 5-3）。在长期的生活实践中，根据这三种榫头又演变出很多其他类型的榫头。

榫头按数目又可分为三种：单榫、双榫、多榫（图 5-4），榫头越多，制品的结合强度越大。一般框架方材结合多采用单榫和双榫，若采用箱框结合，常用多榫甚至在直角拼接处全部为榫结合，如木箱、抽屉等。

榫结合的优点是：传力明确，构造简单，结构外露，便于检查。根据结合部位的尺寸、位置以及构件在结构中的作用不同，榫头有各种形式。各种榫根据木制品结构的需要有明榫和暗榫之分。榫孔的形状和大小，根据榫头而定。家具的榫结合见图 5-5。

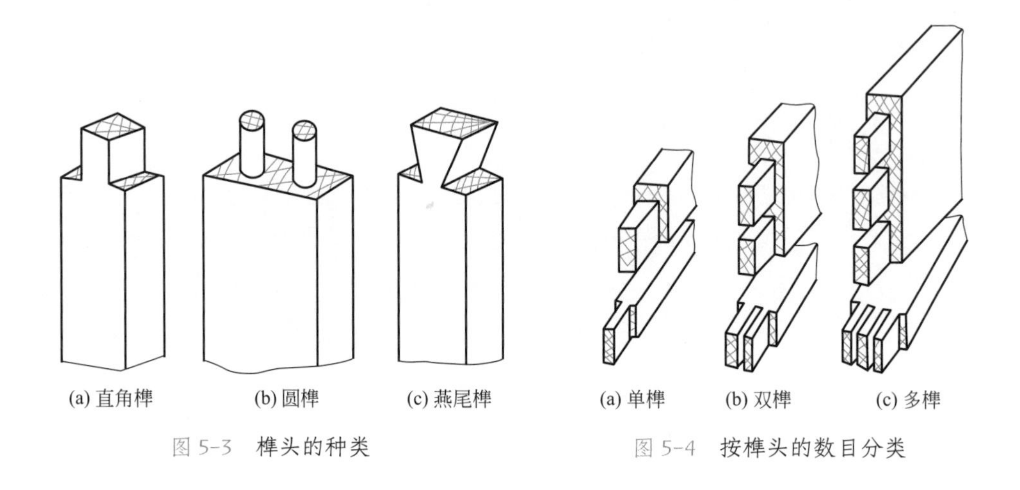

图 5-3　榫头的种类　　图 5-4　按榫头的数目分类

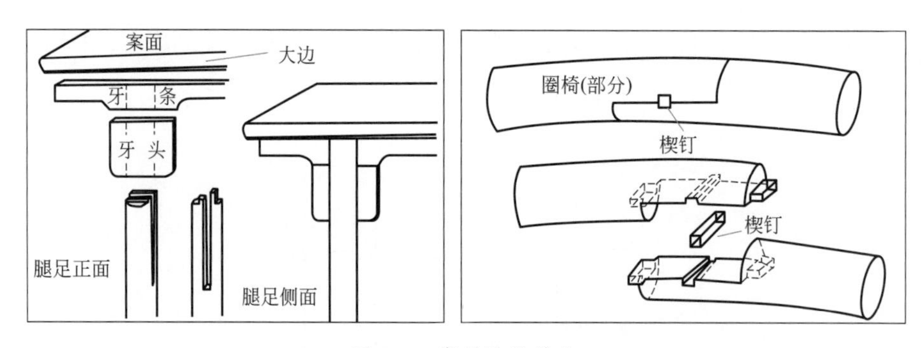

图 5-5　家具的榫结合

（2）胶结合

胶结合是木制品常用的一种结合方式，主要用于实木板的拼接及样头和样孔的胶合。其特点是制作简便、结构牢固、外形美观。

装配时，要根据操作条件、被粘木材种类、所要求的粘接性能、制品的使用条件等合理选择胶黏剂。操作过程中，要掌握涂胶量、晾置和陈放、压紧、操作温度、粘接层的厚度五大要素。

目前木制品行业中常用的胶黏剂种类繁多，最常用的是聚乙酸乙烯酯乳胶液，俗称乳白胶。它的优点是使用方便，具有良好和安全的操作性能，不易燃烧，无腐蚀性，对人体无刺激作用；在常温下固化快，无需加热，并可得到较好的干状胶合强度，固化后的胶层无色透明，不污染木材表面。但成本较高，耐水性、耐热性差，易吸湿，在长时间静载荷作用下胶层会出现蠕变，只适用于室内木制品。

（3）螺钉与圆钉结合

螺钉与圆钉的结合强度取决于木材的硬度和钉的长度，并与木材的纹理有关。如木材越硬、钉直径越大、长度越长、沿横纹结合则强度越大，否则强度越小。操作时要合理确定钉的有效长度，并防止构件劈裂。

（4）板材拼接常用的结合方式

木制品上较宽幅面的板材，一般都采用实木板拼接而成。采用实木板拼接时，为减少拼接后的翘曲变形，应尽可能选用材质相近的板料，用胶黏剂或既用胶黏剂又用榫、槽、钉等结构，拼接成具有一定强度的较宽幅面板材。拼接的结合方式有多种，设计时可根据制品的结构要求、受力形式、胶黏剂种类以及加工工艺条件等进行选择。

/ 5.3 / 常用木材

5.3.1 原木

原木是指伐倒的树干经过去枝去皮后按规格锯成的一定长度的木材。原木又分为直接使用的原木和加工使用的原木两种。直接使用的原木一般用作电柱、桩木、坑木以及建筑工程所用的原木，通常要求具有一定的长度，较高的强度；加工使用的原木是作为原材料加工用的，是将原木按一定规格尺寸锯割后的木材，又称为锯材，锯材按其宽度和厚度的比例关系又可分为板材、方材和薄木等。

① 板材：横断面宽度为厚度的 3 倍及 3 倍以上者。

② 方材：横断面宽度不足厚度的 3 倍者。

③ 薄木：厚度小于 1mm 的称为薄木片；厚度为 0.05 ~ 0.2mm 的称为微薄木。

5.3.2 人造板材

利用原木、刨花、木屑、废材及其他植物纤维为原料，加入胶黏剂和其他添加剂而制成的板材。人造板材与木材相比，幅面大，质地均匀，表面平整光滑，变形小，美观耐用，易于加工。

人造板材种类很多，常见的有胶合板、刨花板、纤维板、细木工板及各种轻质板等，广泛用于家具、建筑、车船等方面。同时，人造板的使用使一些短残废料得以利用，提高了木材的利用率。

（1）胶合板

用3层或多层（奇数层）单板加压胶合而成的板材。为了解决材料的各向异性，一般均按奇数（如三层、五层、七层、九层）制板，胶合板的面层通常选用外观比较完整且花纹较美观的材料，底层用料一般比面层略差，而中间层用料则较差。

各层板的纤维方向互相垂直，可克服木材各向异性的缺陷。胶合板（图5-6）不易开裂和翘曲，幅面大而平整，材质均匀，横纹抗拉强度高，板面纹理美观，装饰性好。胶合板种类多，可按板的结构、胶合性能、表面处理、用途等进行分类。常见的有三合板、五合板及其装饰板，多用作隔墙、天花板及家具等。

（2）刨花板

以木质刨花或碎木屑为主要原料，加胶热压而成的人造板材。幅面大，表面平整，隔热隔声性能好，纵横面强度一致，便于加工，可进行贴面等表面装饰，但不耐潮，容重大。刨花板（图5-7）可按原料种类、制造方法、表面处理等进行多种分类。刨花板是制造板式家具的主要材料，还用作吸声、保温、隔热材料。

图5-6 胶合板

图5-7 刨花板

（3）纤维板

以木料加工的废料或植物纤维作原料，经原料处理、成型、热压等工序而制成的板材。纤维板（图 5-8）的材质构造均匀、各向强度一致，不易胀缩开裂，具有隔热、吸声和较好的加工性能。按原料分为木质纤维板和非木质纤维板；按板面状态分为单面光纤维板和双面光纤维板；按密度分为硬质纤维板（$> 0.8g/cm^3$）、中密度纤维板（$0.5 \sim 0.8g/cm^3$）和软质纤维板（$< 0.5g/cm^3$）。硬质纤维板坚韧密实，多用作家具、车船、包装箱和室内装饰材料；中密度纤维板多用作家具、器材材料；软质纤维板质轻多孔，多作隔热、吸声材料。

（4）细木工板

又称大芯板，是一种拼合结构的木质板材。在板芯表面胶合一层或两层单板。按板芯结构可分为实心细木工板和空心细木工板。细木工板（图 5-9）具有坚固耐用、板面平整、结构稳定及不易变形等特点，是良好的结构材料，广泛用作家具材料、展板材料及建筑壁板等。

图 5-8　纤维板

图 5-9　细木工板

/ 5.4 / 木材在产品设计中的应用

5.4.1　产品设计中木材的选用

为达到产品造型设计的要求，保证产品的质量，科学合理地选用木材是至关重要的。根据产品的造型设计要求和不同的部件，在木材的选用上应按木材的特性考虑如下技术条件。

① 有一定的强度、韧性、刚度和硬度，重量适中，材质结构应细致。

② 有美丽的自然纹理，材质感悦目。

③ 干缩、湿胀性和翘曲变形性小。

④ 易加工，切削性能良好。

⑤ 胶合、着色及涂饰性能好。

⑥ 弯曲性能好。

⑦ 有抗气候和虫害性。

在使用木材中，为了刻意体现木材天然、美丽的材质，特别是那些高级木材，除了在选材时多加注意外，在表面处理上也有所讲究，如对经过加工的木材表面不加任何涂饰，自然、真实地反映木材的本来面目。而那种显孔和半显孔的木本色涂饰也是一种追求自然美的表现，还是现代产品设计中强调的材质真实性原则。树木对保护地球环境起着重要的作用，并且需较长的生长周期，已成为越来越贵重的资源。所以在木材的使用方面，设计师将会面临如下几个重要的课题。

① 如何珍惜利用珍贵资源。

② 如何积极发挥木材的特性。

③ 如何改良木材的缺点。

④ 如何为木材增添新的特点。

⑤ 如何改良木材的加工成型技术。

⑥ 如何提高使用者的意识，加深对珍贵资源的理解。

5.4.2 木材产品设计实例分析

（1）红蓝椅

红蓝椅由荷兰设计师里特维尔德设计（图 5-10），它由机制木条和胶合板构成，13根木条互相垂直，形成椅子的空间结构，各结构间用螺栓紧固而不用传统的连接方式，以防结构受到破坏。椅的靠背为红色，坐垫为蓝色，木条全部漆成黑色，木条的端面漆成黄色，黄色意味着断面，是构件连续延伸的一个片段，以引起人的联想，即把各木条看成一个整体。这把椅子以非常简洁的造型语言和色彩，表达了现代主义的造型理念，被称为“经典的现代主义”。

（2）“中国椅”

丹麦家具设计大师汉斯 - 威格纳（Hans Wegner）设计的一系列“中国椅”（图 5-11），取材于中国古代木制椅，特别是明式家具的结构和扶手形式，加上对材料和结构的完美理解，同时又简化和净化造型，转角处都设计成圆滑的曲线，线条优美流畅，给人亲近自然的感觉。

图 5-10 里特维尔德设计的“红蓝椅”

图 5-11 威格纳设计的“中国椅”

/ 思考与习题

1. 查询资料分析榫卯结构在 5 款明式家具中的应用。
2. 简述木制品表面涂饰的施工流程。

第6章 / 其他新型材料及用途

/ 知识体系图

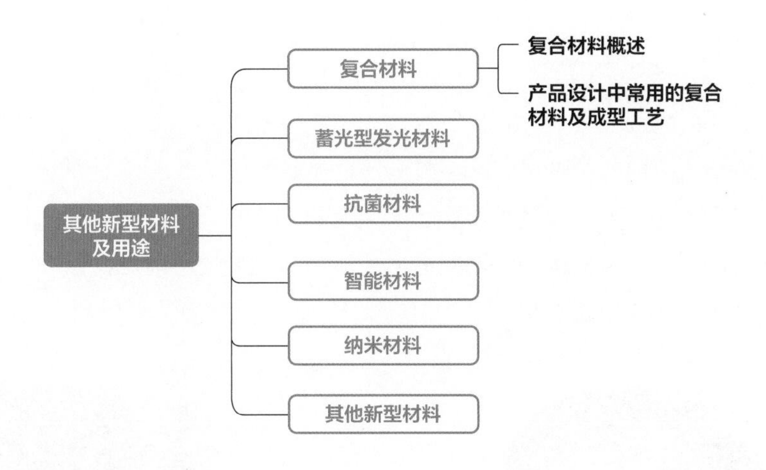

/ 学习目标

知识目标

1. 了解代表性新型材料的种类。
2. 了解代表性新型材料的特性。
3. 了解代表性新型材料的用途。
4. 了解新型材料在产品创新解决问题中的应用。

技能目标

1. 能够对新型材料在产品中的出现和应用保持热情及敏感性。
2. 能够利用新型材料的特性创新解决产品设计中的问题。

/ 引例

新型材料——未来就在身边

科技的迅速发展使得大量新型材料出现在我们的生活中，复合材料、抗菌材料、记忆材料、纳米材料等已经从试验品变成了日常用品，由此带来的颠覆性价值使得人们在享受便利的同时，思考和创新更广阔的用途并赋予这类产品新的形式。作为新科技的运用者，设计师应对新材料的出现保持高度的敏感性，在了解新材料性能和成型工艺的前提下，提出传统材料难以胜任的设计方向，未来就在设计师身边。

/ 6.1 / 复合材料

6.1.1 复合材料概述

复合材料是指两种或两种以上化学性质不同的材料经人工复合而成的材料（图 6-1 和图 6-2），其结构为多相，一类组成为基体，起黏结作用，另一类为增强相。所以可以认为复合材料是一种多相材料，它的某些性能比各组成相的性能都好，现在复合材料已经在生活和生产中获得大量应用。

图 6-1 碳纤维防护头盔

图 6-2 碳纤维手机防护壳

（1）复合材料的优点

① 重量轻而强度大：许多近代动力设备的结构，不但要求强度高，而且要求重量轻。例如碳纤维和环氧树脂组成的玻璃钢，材料远比钢轻，但其比强度却是钢的 7 倍。

② 耐疲劳：复合材料中基体和增强纤维间的界面能够有效地阻止疲劳裂纹的扩展，使得复合材料的疲劳极限比较高。例如碳纤维聚酯树脂复合材料的疲劳极限是抗拉强度的 70% ~ 80%，而金属材料的疲劳极限只有抗拉强度的 40% ~ 50%。

③ 减振性好：许多机器、设备的振动问题十分突出。由于复合材料的阻尼特性优异，纤维与基体的界面吸振能力强，可以使得振动衰减较快。

④ 耐高温：各种增强纤维一般在高温下仍可保持高的强度，所以用它们增强的复合材料的高温强度等指标会较高，特别是金属基复合材料。

⑤ 断裂安全性好：纤维增强复合材料在一部分受载荷作用断裂后，应力迅速重新分配，载荷由未断裂的纤维承担，所以断裂安全性好。

⑥ 其他的综合性能优良：许多复合材料都具有良好的化学稳定性、防紫外线、防潮性、隔热性、耐腐蚀性以及特殊的电、光、磁等性能。

（2）复合材料的缺点

① 断裂伸长率小，抗冲击性能不够理想。

② 生产工艺方法中手工操作占比较高，难以自动化生产，导致生产效率低，产品质量不够稳定。

③ 增强纤维的价格较高，使得复合材料的成本比其他工程材料高得多。

④ 损坏后修复较为困难。

6.1.2 设计中常用的复合材料及成型工艺

（1）复合用原材料与产品

① 玻璃纤维：玻璃纤维有较高的强度，密度小，化学稳定性高，耐热性好，价格低。缺点是脆性较大，耐磨性差，纤维表面光滑而不易与其他物质结合。玻璃钢化工用罐体如图 6-3 所示。

② 碳纤维：是将有机纤维经固相反应转变为纤维状的无机碳化物，含碳量大于 90%。根据力学性能不同，碳纤维可分为低性能和高性能两大类。高性能碳纤维又有高强型、高模量型、普通型之分。碳纤维具有耐疲劳、耐高温、耐化学品腐蚀、密度小、导电等优良性能。可从黏胶纤维、聚丙烯腈纤维、沥青纤维三种原料中制取碳纤维。碳纤维是目前复合材料中最重要的一种增强剂。可用作导电、隔热、烧蚀等功能材料使用，更多用于高聚物、金属、陶瓷等复合材料的增强体。

③ 硼纤维：硼纤维是用化学沉积的方法将非晶态硼涂覆到钨和炭丝上制得的。硼纤维强度高，弹性模量大，耐高温性能好。在现代航空结构材料中，硼纤维的弹性模量绝

对值最高，但硼纤维的密度大，伸长率低，价格昂贵。

④ 碳化硅纤维：碳化硅纤维是一种高熔点、高强度、高弹性模量的陶瓷纤维。它可以用化学沉积法及有机硅聚合物纺丝烧结法制造。碳化硅纤维的突出优点是具有优良的高温强度。

⑤ 晶须：晶须是直径只有几微米的针状单晶体，是一种新型的高强度材料。晶须包括金属晶须和陶瓷晶须。金属晶须中可批量生产的是铁晶须，其最大特点是可在磁场中取向，可以很容易制取定向纤维增强复合材料。陶瓷晶须比金属晶须强度高，密度小，弹性模量高，耐热性好。

⑥ 芳纶纤维：是一种高强度、高模量和低密度的有机纤维，也称为凯夫拉。芳纶纤维的力学性能特点是具有高模量、高强度、好的韧性及各向异性，使这类纤维在防弹方面具有广阔的应用前景，用于制作手套，具有防潮、防刺的特点，主要用于军事、工业、航空航天等高技术领域（图 6-4）。

图 6-3　玻璃钢化工用罐体

图 6-4　军用凯夫拉复合材料防护头盔

（2）复合方法

① 手糊法：首先在模具上刷一层已知固化剂的树脂，然后贴一层纤维织物，用刷子刷平整后再刷上一层树脂，再贴一层纤维织物，直至所需厚度为止，涂刷结束后，需加上一定压力让其在室温下（或加热）固化成型。此成型方法简单，设备费用与生产成本较低，制品形状和尺寸不受限制，故适用性广。由于靠手工操作，生产效率低、质量不够稳定，因此手糊法在产品设计中只应用于小批量整体造型件或大型制件，如汽车壳体、飞机壳体、飞机雷达罩、机尾罩、船艇、大型雕塑等。

② 模压法：模压成型是借助压力机的压力，将涂覆好的纤维或纤维制品压成所需要的形状，然后固化成型。其特点是：制品质量可靠、均匀，制品两面平整、光滑，适于大量生产，可成型复杂的制品；生产效率较手糊法、喷射法高，但设备费用高，立面较

深的制品需要大吨位压机。特别适用于需要大量生产的中小型玻璃钢制品。

③ 缠绕法：把纤维浸以树脂并按照一定的规律连续缠绕于芯模上，经固化而制成零件的一种方法。缠绕法易于机械化加工，生产效率高，制品质量稳定，但制品形状的局限性很大。在产品设计中常用此法来加工球形、圆筒形等回转壳体零件，例如航天飞机的燃料箱就采用缠绕法工艺制造。

④ 喷射法：它是利用压缩空气将树脂、硬化剂（或引发剂）和切短的纤维同时喷射到模具表面，经过辊压、排除气泡等，再在其表面喷涂一层树脂，经固化而成玻璃钢制品。喷射法成型的特点是效率高、制品无接缝、适应性强等，适合异形制品的成型；但此法劳动条件差，对操作人员技术要求高，树脂、硬化剂和纤维的比例要求严格，通常和手糊法结合使用。

通常，纤维增强复合材料均为一次成型，所制成的产品无需再进行机械加工。但在实际使用中，由于装配等原因，机械加工仍是难免的。纤维增强塑料复合材料可以进行车、铣、刨、磨、钻、镗、锯、锉等切削加工，只是加工时要求刀刃锋利、切削速度快、进刀慢。特别是最终进刀时要小心避免撕裂纤维。还要注意散热，为防止发热过大，可采用吹风或使用冷却剂的方式进行冷却，或者多次提起钻头完成断续钻孔。

/ 6.2 / 蓄光型发光材料

由铝酸盐体系、硅酸盐体系、硫化物体系蓄光型发光材料制成的各种制品，在自然光、荧光灯、白炽灯等多种光源照射一定时间后，可在晚间持续一夜发光，人们习惯称为夜光制品。

6.2.1 蓄光型发光材料的发光机理

蓄光型发光材料是以稀土材料为激活剂，碱土铝酸盐为基质构成的新一代发光材料，本身无毒、无害、不含任何放射性物质，克服了传统硫化物荧光材料的许多缺点和推广应用上的不足，在户外白天或室光下经自然吸光 10 ~ 20min 后，吸收光能并将其储存起来，光激发停止后，再把储存的能量以光的形式慢慢释放出来，在夜晚或黑暗状态下可持续发光 12h 以上，且亮度高、持续时间长，开辟了新型发光材料应用的新领域。

6.2.2 蓄光型发光材料的应用

（1）发光膜

发光膜是一种由蓄光型发光材料和树脂等材料制成的薄膜制品。由透明层、发光层、反光层、不干胶层和可剥离的离型纸层组成。透明层由有机树脂制成，发光层由蓄光型发光材料、载体树脂、增塑剂、助剂、溶液等混合制成。反光层可以用白色或浅色膜或纸制成，也可采用浅色或白色涂料涂层，以白色效果最好，涂料涂层是用载体树脂、增塑剂、助剂、颜料、填料等混合制成涂料涂覆而成。不干胶层选用聚丙烯酸树脂或橡胶类树脂。离型纸层选用通用涂硅纸。这类材料可提供给多个行业制作发光制品。

（2）发光板

发光板是在硬质或半硬质基板上先后涂覆或黏结一层反光层、发光涂料层和透明保护层而制成。基板可根据应用需要选用各种塑料板材和金属板材以及木材板。反光层可以采用白色或浅色涂料，反光层涂料由载体树脂、增塑剂、助剂、颜料、填料混合制成，一般以白色为佳。发光涂料层由蓄光型发光材料、载体树脂、增塑剂、助剂、溶剂混合而成，视用途确定蓄光型发光材料和树脂的质量比。透明保护层可采用通用透明膜，也可以使用透明树脂。可用于制作仪器表盘、工业警告牌、工业标识牌、防触电警告牌、危险警告牌等。

（3）发光塑料

发光塑料是在塑料中加入蓄光型发光材料经加工制成的。制作发光塑料有两种主要方法：一种是直接将蓄光材料同塑料原料（粉状或粒状）按一定比例混合，再加工成发光塑料制品；另一种是先制成发光塑料母料，再与树脂混合制成发光塑料制品。发光塑料可用于制作发光安全帽、发光开关、发光塑料地板、发光人造革、发光艺术品、发光药品包装盒、发光门把手、发光玩具、发光高尔夫球、发光渔具、发光篮球、发光排球、发光足球、发光拖鞋、发光纽扣、发光拉链等。

（4）发光纤维

发光纤维是将蓄光材料作为添加剂加入纤维中制成的一种功能性纤维。它除了具有一般纤维的性能特点之外，还具有吸光－蓄光－发光的功能。制作过程是先将载体树脂与蓄光材料与助剂等制成发光母料，再与纺织级高分子聚合物混合并加热熔融拉成丝，经后处理后制成。可用于制作消防用的发光绳索、发光救生衣、发光消防服、发光地毯、发光挂毯、发光窗帘、演员服装、发光毛绒玩具、鞋帽、矿工用口罩等。

（5）发光涂料

发光涂料由发光颜料、有机树脂、有机溶剂、助剂按一定比例通过特殊加工工艺制成，每种组分都决定着发光涂料的性能，其选择标准很重要。所选择的树脂有：环氧树脂、聚氨酯树脂、氨基清漆、聚酯树脂或清漆、丙烯酸树脂或清漆、羟基丙烯酸树脂、丙烯酸聚氨酯清漆、色泽浅的醇酸清漆、氟树脂等。还有一种以水为溶剂的发光涂料，其组成稍复杂一些。但这类材料可避免有机溶剂的挥发，对人体无害，不污染环境。可制作发光路牌、门牌、楼牌、航空疏散指示系统、紧急出口标志等。

（6）发光油墨

在透明油墨中加入一定比例的蓄光材料经加工后可制成发光油墨。发光油墨的组分和发光涂料基本相同，可制作发光艺术画、夜间标志牌等。

（7）发光印花浆

发光印花浆由蓄光型发光材料与透明印花浆调配而成，主要用于印刷。

/ 6.3 / 抗菌材料

抗菌剂分为有机、无机两大类。前者应用的历史已久，但其抗菌效果不甚理想，不能经受高温，有些本身还具有毒性，因此最近 20 年来，无机抗菌剂被研究并迅速获得应用。纳米材料的出现实际上促进了无机抗菌剂的发展。

无机抗菌剂可分为两大类：一类是利用金属离子如银离子、铜离子、锌离子直接对细菌的杀灭能力；另一类是利用纳米材料（如二氧化钛）的光催化特性产生活性氧，起到杀灭细菌的作用，前者的作用直接、迅速、高效，因此受到重视。纳米材料载银系抗菌剂是最主要的无机抗菌剂，将抗菌剂分别加入陶瓷、涂料、塑料、纤维等材料中，便成为抗菌材料。当然也有利用纤维改性、接枝等技术使材料具有抗菌功能。无论采用何种方法，抗菌材料都应是一个发展方向，是众多日用品都应该具有的一种有益健康的功能。

（1）抗菌塑料

将抗菌剂加入塑料材料中后，可制成抗菌塑料。对金黄色葡萄球菌、甲类链球菌、肺炎双球菌、大肠杆菌、伤寒杆菌、淋病球菌等致病细菌都具有抑制和杀灭作用，还可有效地抑制霉菌生长，有自发长久的、高效广谱的抗菌功能。可将其做成抗菌母料，也可直接加入塑料材料中成为抗菌塑料，一经成为抗菌塑料，就会有自发长久的、高效广谱的抗菌功能。无污染、无毒副作用，能防止塑料制品的微生物繁殖。主要应用于易产生细菌感染的塑料制品上，如电话机壳、计算机键盘、玩具、冰箱内壳、食品包装制品、医疗用品、电器元件外壳等。

（2）抗菌陶瓷

将无机抗菌剂掺入面釉中，制成抗菌面釉浆料，施釉过程中将其施于卫生陶瓷表面，即可制得表面抗菌卫生陶瓷。二氧化钛光催化陶瓷是近些年来研究和开发的新型无机抗菌陶瓷。有些抗菌瓷砖是在上釉后喷二氧化钛粉末液体（分散液），在800℃以上焙烧形成薄层的二氧化钛膜而制成的，此二氧化钛膜即使用海绵刷也不会刷掉，对部分细菌有良好的抗菌效果。

（3）抗菌涂料

环境污染包括多个方面，除细菌污染外还有风沙、有机挥发成分等。为了保持室内外的清洁，防止表面污染，保持洁净环境并减轻卫生清扫工作的负担，人们研制了防污涂料。目前已有采用在涂料中添加抗菌剂达到防污效果。

（4）抗菌纤维和除臭纤维

人的皮肤是一种很好的营养基。在一般的情况下，人的皮肤上的一些常驻菌起着保护皮肤免受致病菌危害的作用。一旦微生物中的菌群失调，它们中的少量致病菌就会大量繁殖，并通过皮肤、呼吸道、消化道以及生殖道黏膜对人体造成危害，如过敏、产生臭味或生病等。纺织品在人体穿着过程中，会沾上很多汗液、皮脂以及其他人体分泌物，同时也会被环境中的污物所沾污。因此，在致病菌的繁殖和传递过程中，纺织品总是一个重要的媒介。可将纤维进行处理，让其具备抗菌能力（图6-5和图6-6）。方法是通过浸渍抗菌剂，或对纤维进行改性，使之带有抗菌的基团，从而取得抗菌能力。

图6-5　采用抗菌纤维制成的背包

图6-6　整机采用银离子抗菌工艺制成的电脑

/ 6.4 / 智能材料

一般来说，智能材料是指能够感知环境变化，通过自我判断自身结构，实现自我指令和自我执行的新型材料。智能材料可分为金属系智能材料、无机非金属系智能材料及高分子系智能材料。

6.4.1 金属系智能材料

由于其强度比较大，耐热性和耐腐蚀性能好，因此通常作为结构材料用在航空航天和原子能工业中。金属材料在使用过程中产生疲劳龟裂及蠕变变形而损伤，所以期盼金属系智能材料不但可以检测自身的损伤，而且可将其抑制，具有自修复功能，从而确保使用过程中的稳定性。目前研究开发的金属系智能材料主要有形状记忆合金和形状记忆复合材料两大类，采用形状记忆合金制作的眼镜架如图 6-7 所示。

图 6-7 采用形状记忆合金制作的眼镜架

6.4.2 无机非金属系智能材料

无机非金属系智能材料的初步智能性，是考虑局部可以吸收外力以防止材料整体受破坏。目前此类智能材料在电流变流体、压电陶瓷光致变色和电致变色材料方面发展较快。智能材料在服装方面也大有应用前景，如用智能材料制成的服装，其尺寸、导热性和孔隙度能随着周围环境（温度、湿度）的变化而变化，从而保证使用者的美观与舒适。

例如，智能玻璃是一种新型的智能材料，它的光学特性可以根据入射光线的波长和强度而改变。例如在热天，可以滤掉热辐射，但又能通过可见光；在冬天能防止热损耗，使室内保温。智能材料在体育和医疗用具方面也有很多应用，例如可以将部分网球拍的网丝换成形状记忆合金丝，用开关控制形状记忆合金丝，这样的网球拍具有不同的柔性，击出的球具有不同的力度，使对方无法估计球的落点与力度。又如智能医用胶带，它不仅能加快伤口愈合，防止感染，还能在伤口愈合后自动脱落，使病人无痛苦。

6.4.3 高分子系智能材料

高分子系智能材料的应用范围很广泛。作为智能材料的刺激响应性高分子凝胶的研究和开发非常活跃，另外还有智能高分子膜材、智能高分子胶黏剂、智能药物释放体系和智能高分子基复合材料等的研究与开发。

（1）形状记忆塑料

形状记忆塑料是指具有初始形状的制品经变形固定后，在某一特定的环境下，又可使其恢复原始形状的一类高分子材料。按形状记忆塑料的响应参数不同，可分为不同种类：响应参数为温度时，称为热致形状记忆塑料，可广泛用于医疗器械、泡沫塑料、坐垫、光信息记录介质及报警器等；响应参数为电能时，称为电致形状记忆塑料，主要用于电子通信及仪器仪表等领域，如电子集束管、电磁屏蔽材料等；响应参数为光能时，称为光致形状记忆塑料，主要用于印刷材料、光记录材料及光驱动分子阀等；响应参数为化学能时，称为化学致形状记忆塑料，可用于蛋白质或酶的分离膜、化学发动机等特殊领域。

形状记忆塑料的用途如下。

① 医疗器材：形状记忆塑料可用于固定创伤部位的器材以取代传统的石膏绷带，另外还可用于医用组织缝合器材、防止血管阻塞器材及止血钳等。

② 包装材料：形状记忆塑料可用于热收缩包装材料，如啤酒、饮料、电池等产品的包装。它可用于容器衬里材料及容器外层的印刷薄膜。

③ 异径管材的连接：将形状记忆塑料制成管接头，用于连接不同口径的管材。

④ 其他用途：形状记忆塑料还可用作建筑紧固销钉，先装配后紧固；保险杠及安全帽，冲击变形后，可重新加热恢复；火灾报警感温装置，自动开闭阀门等。一个典型的案例是形状记忆剪刀，其刀刃部分由不锈钢制成，柄由形状记忆树脂制成。这种树脂属聚氨基甲酸乙酯类，到达一定的温度，就会变得柔软。只要把剪刀放进60 ~ 80℃的热水中，剪刀就会变形，这时把它拿起来试剪，把剪刀柄弄成适合自己的手形便可。接着把剪刀放进冷水中，便可以固定其形状。这种剪刀，最适合供需要长时间使用剪刀工作的工人或儿童使用。

（2）压电塑料

压电塑料是指在外加机械力的作用下能发生强烈的极化现象并在其制品表面形成电荷，从而产生一定的电压的高分子材料。压电塑料在机械能的作用下可产生电能；反之，压电塑料在外加电场的作用下，也能产生机械力，这种现象称为压电效应。压电塑料的对外响应参数为压力或电场。并不是所有的塑料都具有压电特性，只有强极性聚合物被极性化后，才会显示明显的压电现象。聚偏氟乙烯（PVDF）是目前已发现的压电性最好的塑料品种，也是迄今为止研究最广泛的压电聚合物。压电塑料用于如下方面。

① 传感材料：用于制造机器人的触觉传感器等。

② 检测材料：将其涂在飞机表面，可检测裂缝的位置。

③ 发电材料：可用其将潮汐的机械能转变成电能。

④ 记录材料：压电膜用于麦克风设备，可产生连续而清晰的电信号，并可将信号记录在磁带上，通过放大器传送出去（图 6-8）。

图 6-8　采用压电陶瓷的扬声器配件

/ 6.5 / 纳米材料

纳米材料是指平均粒径在 100nm 以下的粒子。其中平均粒径在 20 ~ 100nm 的称为超细粉，平均粒径小于 20nm 的称为超微粉，平时也统称超微粉末或超微颗粒。人们发现，当材料的尺寸小到纳米尺度时，材料的某些性能会发生突变，即出现了传统材料所不具备的新的特性，因此人们把特征尺寸在 1 ~ 100nm 并具有新特性的材料称为纳米材料。

所谓特征尺寸，对颗粒或粉体而言是指每一个颗粒的直径大小；对多层薄膜材料而言是指每一层薄膜的厚度；对纤维来说是指纤维的横截面直径；纳米材料还可以指将纳米超微粉体加到其他非纳米基体（如高分子材料）中仍保持其纳米尺寸并存在纳米尺度界面的材料，称为纳米复合材料；如果宏观上看是一个块体材料，而其显微结构单元（如晶粒）是在纳米尺度，可称为纳米结构材料。

（1）纳米纤维

通过技术处理，可以在羊绒织物纤维表面建造起纳米尺寸的几何形状、似有一层气体薄膜的界面结构，所形成的新型纳米羊绒材料具有自清洁性，使自然下落的液态水滴或小粒动植物油滴基本无法与织物表面接触，无论怎样向这种材料上滴洒油污，它都一尘不染。而且，这种材料只阻断液体，不阻断空气，丝毫不影响织物的纹理结构和透气、亲肤的本性。用这种材料生产的衣服，不仅轻薄、柔软、保暖、滑爽，而且防水、防油、防污、自清洁、抗起球、防毡化、易护理。

（2）纳米增强增韧陶瓷

纳米增强增陶瓷是解决陶瓷脆性的最有希望的途径。纳米增强增陶瓷现在已经显示的确定效果有：烧结温度可大大降低；在高温下（1000℃以上）具有超塑性，因此便于制造复杂形状的部件；强度与韧性有所提高。

（3）纳米改性塑料

将纳米级颗粒分散到塑料中，成为纳米复合材料。这种材料具有优异的力学性能，其中抗冲击性、耐热性等有显著提高。例如用纳米改性的聚丙烯塑料代替尼龙用于铁道轨的垫块，已取得良好的效果并推广使用。如果能通过纳米改性的途径把普通塑料的性能提高到接近工程塑料的水平，那么传统的塑料产业将得到全面的改进。

（4）纳米改性建材

建材是一个极为广泛的综合性产业。纳米材料技术在建材中的应用研究十分活跃，效果也逐步显示出来。其中纳米改性涂料是最突出的一个。纳米改性涂料主要针对三个方面的需要：一是提高涂料特别是外墙涂料的耐候性，以延长涂料的使用寿命，而某些纳米材料如二氧化钛、氧化锌、二氧化硅等，对紫外线有强烈的吸收作用，从而在提高涂料的耐候性方面将发挥重要的作用；二是改善涂料的抗污性或自洁性，传统的涂料常常由于污垢难以清除，使得涂料的装饰效果丧失殆尽，某些纳米材料的应用可通过光催化作用促使表面油污分解，或使涂料表面具有憎水、憎油的功能，从而不粘油，或油污附着不牢而极易清洗；三是通过纳米材料的应用赋予涂料新的功能，如抗菌功能、抗静电功能、消除电磁污染功能、耐磨功能、阻燃功能等。

（5）纳米材料的其他应用

由于纳米材料巨大的比表面积和吸附能力，可用于吸收和消除有害气体，净化空气，利用某些纳米材料的催化或光催化特性，可用于分解进而消除油污的污染，净化水域；各种新发展的纳米抗菌剂的应用，可以净化环境、防止交叉感染和疾病的蔓延，这些都与人类的健康直接相关（图 6-9 和图 6-10）。

图 6-9　采用纳米水离子除菌技术的洗衣机

图 6-10　采用纳米水离子除菌技术的空气净化器

/ 6.6 / 其他新型材料

（1）非牛顿体

不满足牛顿黏性实验定律，即剪应力与剪切应变率之间不是线性关系的流体称为非牛顿体。非牛顿体广泛存在于日常生活中，例如人体的血液、豆浆、石油、番茄汁等。设计上常利用非牛顿体凝胶“遇强则强，遇弱则弱”的特性，也就是遇到强大的压力时非牛顿体会变硬从而突然提高抗冲击力，而当压力撤销后又会变回原状。人们利用非牛顿体凝胶的这种特性已经在产品防护领域开发出了许多缓冲减振及隔声用途的新产品，例如手机防护壳、运动护具、军事防护、道路缓冲带等（图 6-11 和图 6-12）。

图 6-11　采用非牛顿体材料制作的运动服装

图 6-12　采用非牛顿体材料制作的手机保护壳

（2）石墨烯

石墨烯是一种新型的碳材料，其厚度仅为一个碳原子的厚度，约为 0.335nm，是目前已知最薄的二维材料。此外，石墨烯还是构成其他碳材料的基本单元，可以包覆成为零维的富勒烯、卷曲成一维的碳纳米管或者堆积成三维的石墨。

石墨烯特殊的性质主要表现在以下几个方面。

① 密度低、比表面积大。

② 良好的光学性能，单层石墨烯的透光率约为 97.7%。

③ 优异的导电性，并可发展为半导体。

④ 优良的力学性能，研究发现超窄石墨烯薄带的杨氏模量约为 7TPa，是目前已知的最牢固的材料。

⑤ 特殊的热力学性能。石墨烯具有优异的导热性能，室温下的热导率约为相同条件下铜的 10 倍多。

⑥ 良好的化学稳定性。石墨烯技术取暖器如图 6-13 所示。

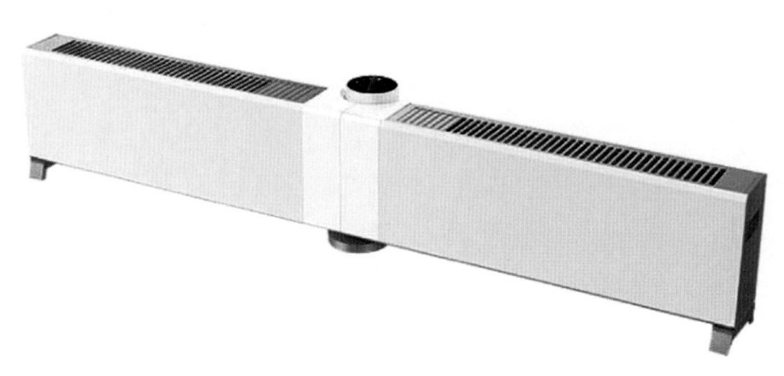

图 6-13 石墨烯技术取暖器

/ 思考与习题

1. 举例说明复合材料在日常产品中的应用。
2. 举例说明纳米材料在家用产品中的应用前景。
3. 应用非牛顿体的特性设计一款产品的方案。

第 7 章 / 产品表面装饰工艺

/ 知识体系图

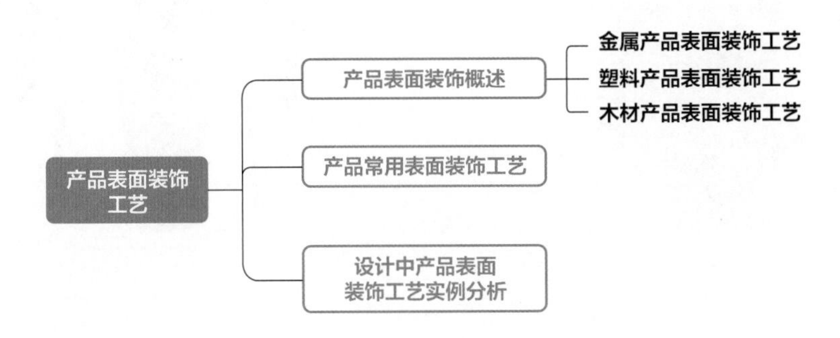

/ 学习目标

知识目标

1. 掌握产品常用的表面装饰工艺。
2. 了解产品设计中表面装饰的实际应用。

技能目标

1. 能够运用产品表面装饰工艺的方法解决产品造型表面处理问题。
2. 能够进行产品造型表面处理工艺的选择与运用。

/ 引例

表面处理工艺——产品造型设计的点睛之笔

产品设计是要处理诸如色彩、光泽、纹理、质地等直接赋予视觉与触觉的一切表面造型要素，而这些表面造型要素则会因材料表面性质与状态的改变而改变。产品表面所需的色彩、光泽、肌理等，除少数材料的固有特性外，大多数是依靠各种表面处理工艺取得的。所以表面处理工艺的合理运用对于产生理想的精良产品造型形态至关重要。

/ 7.1 / 产品表面装饰概述

表面装饰工艺是指在基体材料表面形成一种与基体性能不同的表层的工艺方法，通过切削、研磨、抛光、冲压、喷砂、蚀刻、涂饰、镀饰等不同的处理工艺可获得不同的材料表面性质、肌理色彩、光泽等表面处理工艺，或改变材料的表面性质与状态，或获得精美的色彩、光泽、肌理及图案等外观效果（图 7-1 ~ 图 7-5）。在产品造型设计时要根据产品的性能、使用环境、材料性质，正确选择表面处理工艺和面饰材料，使材料的颜色、光泽、肌理及工艺特性与产品的形态、功能、工作环境匹配适宜，以获得大方、美观的外观。

图 7-1　电镀

图 7-2　珐琅

图 7-3　阳极氧化

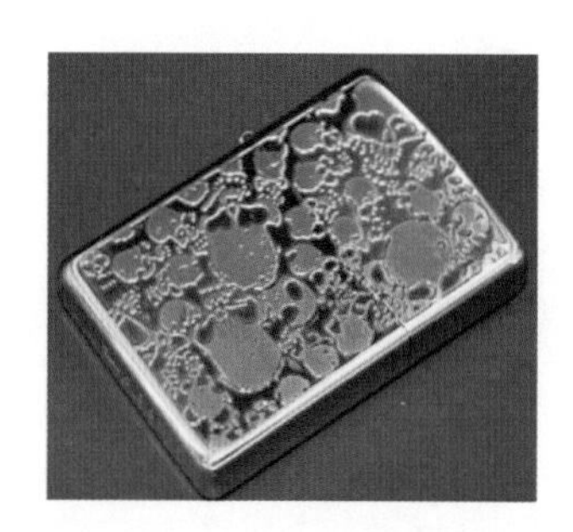

图 7-4　蚀刻

图 7-5　喷砂

（1）表面装饰的目的

从产品造型设计出发，表面处理的目的如下。

① 保护产品，常用的工业造型材料都具有良好的视觉效果，如金属材料表面平滑、有光泽，木材表面纹理清晰、色泽柔和，塑料材料颜色鲜艳，具有一定透明性。由这些材料制成的产品，在各种使用环境中，若不进行适当的表面处理，则极易受到空气、水分、日光、盐雾、霉菌和其他腐蚀性介质的侵蚀，表面出现失光、变色、粉化及开裂等问题，甚至会导致产品损坏或失效等严重后果。因此大多数产品都需要通过表面处理技术提高产品的耐用性和安全性，例如在飞机蒙皮上采用表面涂层的方法，防止飞机在空中高速飞行时受到恶劣介质的侵蚀。

② 装饰产品，表面处理可以美化产品，即通过表面处理可以改善产品表面的色彩、亮度和肌理等，使产品具有更好的视觉和触觉效果，就是通过表面处理工艺得到各种颜色、图案的视觉效果，以满足不同用户的喜好需求。

③ 特殊作用，表面处理还可以赋予材料一些特殊功能，比如提高材料表面的硬度，使得材料表面具有导电、憎水和润滑等特殊功能。

（2）表面装饰工艺类型

表面装饰工艺涉及化学、物理、电学等多种学科。不同的产品对表面装饰的功能和效果要求不同，因此衍生出各种各样的表面装饰工艺。表 7-1 是产品常用的表面装饰工艺类型。

表 7-1 产品常用的表面装饰工艺类型

类型	特点	处理目的	常用装饰工艺
表面被覆	在材料表面上形成	通过新物质层起到保护作用，如耐腐蚀、防潮等；装饰作用，如着色等	涂层被覆（油漆喷涂、上油等）；镀层被覆（镀金、镀银、镀铬等）；珐琅被覆（搪瓷、景泰蓝）
表面层改质	改变材料表面性质或渗入新物质成分	改善材料表面性能，提高耐腐蚀性、耐磨性。作为着色装饰处理的底层	化学方法（化学处理、表面硬化）；电化学方法（阳极氧化）
表面精加工	不改变材料表面性质，进行平滑、凹凸、肌理等加工	使材料有更理想的表面性能或更精致的外观	机械方法（切削、研磨、喷砂等）；化学方法（蚀刻、电化学抛光等）

/ 7.2 / 产品常用表面装饰工艺

产品表面装饰工艺的应用提高了产品的质量，表面装饰工艺所形成的表面色彩和质感，丰富了产品的艺术视觉效果，能唤起消费者的兴趣。在产品设计过程中，材料的表面性质和状态与表面装饰技术有关，通过切削、研磨、抛光、冲压、喷砂、蚀刻、涂饰、镀饰等不同的装饰工艺可获得不同的材料表面性质、肌理、色彩、光泽，使产品具有精湛的工艺美、技术美和强烈的时代感，处理不同材料时需要依据其具体设计要求以及半成品质量选择不同的表面装饰工艺。

7.2.1 金属产品表面装饰工艺

金属是设计和生产中十分重要的材料，但是金属却有着表面易生锈、易腐蚀的缺点。金属材料在各种外界环境的影响下，表面容易受到侵蚀或发生反应而失去光泽、变色以及出现开裂、粉化等损坏现象。除了金属本身的材质美之外，往往会尝试通过某些装饰加工方式丰富其美感，使其具有更好的审美价值。因此，金属材料的表面装饰工艺应运而生，它一方面为金属制品起保护作用，使其能更好地保持质感、延长使用寿命；另一方面则起到美化和装饰的作用，金属材料表面装饰工艺主要分为表面着色工艺和肌理工艺。

7.2.1.1 金属的表面前处理

在对金属材料或制品进行表面处理之前，应有表面预处理工序，以使金属材料或制品的表面达到可以进行表面处理的状态。金属制品表面预处理工艺和方法很多，其中主要包括金属表面的机械处理、化学处理和电化学处理等。

机械处理是通过切削、研磨、喷砂等工艺清理制品表面的锈蚀及氧化皮等，将表面加工成平滑或凹凸的模样；化学处理的作用主要是清理制品表面的油污、锈蚀及氧化皮等；电化学处理则主要用以强化化学脱脂和侵蚀的过程，有时也可用于弱侵蚀时活化金属制品的表面状态。

7.2.1.2 金属的表面着色工艺

金属表面着色工艺是采用化学、电解、物理、机械、热处理等方法，使金属表面形成各种色泽的膜层、镀层或涂层。

（1）化学着色

在特定的溶液之中，通过金属表面与溶液发生化学反应，在金属表面生成带色的基体金属化合物膜层的方法。

（2）电解着色

在特定的溶液中，通过电解处理方法，使金属表面发生反应而生成带色膜层。

（3）阳极氧化

在特定的染色溶液中，以化学或电解的方法对金属进行处理，生成能吸附染料的膜层，在染料作用下着色，或使金属与染料微粒共析形成复合带色镀层。染色的特征是使用各种天然或合成染料来着色，金属表面呈现染料的色彩。染色的色彩艳丽，色域宽广，但目前应用范围较窄，只限于铝、锌、镉、镍等几种金属（图 7-6）。

（4）镀覆着色

采用电镀、化学镀、真空蒸发沉积镀和气相镀等方法，在金属表面沉积金属、金属氧化物或合金等，形成均匀膜层（图 7-7）。

（5）珐琅着色

在金属表面覆盖玻璃质材料，经高温烧制形成膜层（图 7-8）。

图 7-6　铝材的阳极氧化

图 7-7　表面镀覆水龙头

图 7-8　珐琅盘

（6）涂覆着色

采用浸涂、刷涂、喷涂等方法，在金属表面涂覆有机涂层（图 7-9）。

（7）热处理着色

利用加热的方法，使金属表面形成带色氧化膜。

（8）传统着色技术

包括做假锈、汞齐镀、热浸镀锡、鎏金、鎏银以及亮斑等（图 7-10）。

图 7-9 汽车涂覆着色

图 7-10 陶瓷鎏银杯

7.2.1.3 金属的表面肌理工艺

金属的表面肌理工艺是通过锻打、刻划、打磨、腐蚀等工艺在金属表面制作出肌理效果。

（1）表面锻打

使用不同形状的锤头在金属表面进行锻打，从而形成不同形状的点状肌理，层层叠叠，十分具有装饰性（图 7-11）。

（2）表面切削和研磨抛光加工

表面切削是指利用刀具对金属表面层进行加工的方法，表面研磨抛光是利用机械或手工以研磨材料将金属表面磨光的方法。表面抛光又有磨光、镜面、丝光、喷砂等效果，根据表面效果的不同，使用的工具和方法也不尽相同。如图 7-12 所示为罗・阿拉德（Ron Arad）设计的桌台，采用镜面抛光工艺，使得普通的餐桌变得生动活泼。

图 7-11 表面锻打刀具

图 7-12 罗・阿拉德设计的桌台

（3）拉丝

可根据装饰需要，制成直纹、乱纹、波纹、旋纹和螺纹等几种。

① 直纹拉丝是指在铝板表面用机械摩擦的方法加工出直线纹路。它具有刷除铝板表面划痕和装饰铝板表面的双重作用。直纹拉丝有连续丝纹和断续丝纹两种。连续丝纹可用百洁布或不锈钢刷通过对铝板表面进行连续水平直线摩擦（如在有靠现装置的条件下手工技磨或用刨床夹住钢丝刷在铝板上磨刷）获取。改变不锈钢刷的钢丝直径，可获得不同粗细的纹路。断续丝纹一般在刷光机或擦纹机上加工制得。制取原理：采用两组同向旋转的差动轮，上组为快速旋转的磨辊，下组为慢速转动的胶辊，铝或铝合金板从两组辊轮中经过，被刷出细腻的断续直纹（图 7-13）。

② 乱纹拉丝是指在高速运转的铜丝刷下，使铝板前后左右移动摩擦所获得的一种无规则、无明显纹路的亚光丝纹。这种加工，对铝或铝合金板的表面要求较高。

③ 波纹一般在刷光机或擦纹机上制取。利用上组磨辊的轴向运动，在铝或铝合金板表面磨刷，得出波浪式纹路。

④ 旋纹也称旋光，是指采用圆柱状毛毡或研石尼龙轮装在钻床上，用煤油调和抛光油膏，对铝或铝合金板表面进行旋转抛磨所获取的一种丝纹。它多用于圆形标牌和小型装饰性表盘的装饰性加工。

⑤ 螺纹是指用一台在轴上装有圆形毛毡的小电机，将其固定在桌面上，与桌子边沿成 60° 左右的角度，另外做一个装有固定铝板的拖板，在拖板上贴一条边沿齐直的聚酯薄膜用来限制螺纹角度。利用毛毡的旋转与拖板的直线移动，在铝板表面旋擦出宽度一致的螺纹纹路。

拉丝所得到的效果会有极细微的凸凹感，但不管是否需要着色，通常需要表面进行氧化处理。氧化处理的目的是得到一层保护膜，以防自然氧化，而且氧化膜的表面硬度也比原材料高，可以起到保护作用，不需要着色的话，可以选用无色透明的阳极氧化膜。

（4）表面镶嵌

在金属表面刻画出阴纹，嵌入金银丝或金银片等质地较软的金属材料，然后打磨平整，效果非常纤巧华美。

（5）表面蚀刻

使用化学酸进行腐蚀而得到的一种斑驳、沧桑的装饰效果。具体方法如下：首先在金属表面涂上一层沥青，接着将设计好的纹饰在沥青上刻画，使需腐蚀部分的金属露出，然后浸入腐蚀液中或喷刷腐蚀液进行腐蚀。通常，小型制件选择浸入式腐蚀，在进行腐蚀操作时一定要注意安全保护。如图 7-14 所示的餐具产品采用了表面蚀刻的工艺，使得餐具的表面具有斑驳、沧桑的肌理效果。丰富了设计的细节，使得勺子在满足人们使用的同时，也满足了大家的日益挑剔的视觉要求。

图 7-13　表面直纹拉丝鼠标

图 7-14　蚀刻餐具

7.2.2　塑料产品表面装饰工艺

塑料产品有许多种表面装饰的方法。表面装饰大致可分为两类。一类是着色，包括木纹、大理石纹、金属质感等特种着色及在成型同时实现的皮纹、金刚石切削加工纹等一次装饰；另一类是涂饰、印刷、热烫印及电镀等在成型后进行的二次装饰。

一般来说，塑料的着色和表面肌理装饰，在塑料成型时便可以完成，但是为了增加产品的寿命，提高其美观度，一般都会对表面进行二次加工，即进行各种处理和装饰，这就是塑料的表面装饰处理，一般可分为塑料表面的机械加工、表面镀覆和表面装饰。

7.2.2.1　塑料的表面机械加工

塑料表面的机械加工主要是指通过磨砂、抛光等机械的方式，使制品表面的质感产生变化，使得产品更加美观。如图 7-15 所示是塑料模具的手工打磨和抛光。

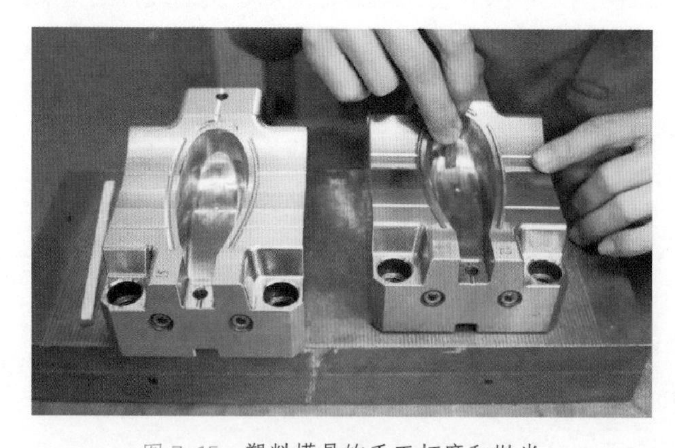

图 7-15　塑料模具的手工打磨和抛光

7.2.2.2 塑料的表面镀覆

塑料的表面镀覆主要是在塑料制件表面镀覆上金属，是塑料表面加工的重要工艺之一。常用的镀覆方法有电镀和真空镀。

（1）电镀

电镀是电沉积技术之一，是一种用电化学方法在工件表面获得金属沉积层的金属覆层工艺，属湿法工艺。通过电镀可以改变塑料材料的外观，改变表面特性，使材料更耐磨，具有装饰性和电、磁、光学性能。如图 7–16 所示为电镀汽车轮毂。电镀工艺利用电解作用使零件表面附着一层金属膜，从而起到防止金属氧化，提高耐磨性、导电性、反光性、抗腐蚀性及增进美观等作用，不少硬币的外层亦为电镀。

（2）真空镀

真空镀是一种物理沉积现象。即在真空状态下注入氩气，氩气撞击靶材，靶材分离成分子后被导电的金属膜吸附形成一层均匀光滑的仿金属表面层。该方法属于塑料表面金属化技术中的干法工艺，常用的有真空蒸镀和溅镀两种。真空蒸镀是将塑料制件置于真空室中，用特殊加热装置将金属加热蒸发，使金属蒸气在塑料制件表面凝结成均匀的金属膜。溅镀同样是在真空状态下完成的，将氩气电离形成氩离子去撞击处于负电位的靶金属体，使其金属原子从母体溅射飞向塑料制件，并在塑料制件表面均匀且牢固地附着形成金属膜层。真空镀具有成本低、生产过程污染少、对基材适应性强等特点，但制品尺寸不宜过大，形状不宜过复杂。如图 7–17 所示的塑料手机壳采用了真空电镀工艺进行表面处理。

图 7–16 电镀汽车轮毂

图 7–17 真空电镀手机壳

7.2.2.3 塑料的表面装饰

塑料的表面装饰可分为两类：一类是着色、特种着色；另一类是热转印、水转印、贴膜、涂饰、印刷等，为成型后进行的二次装饰。

（1）着色

塑料产品具有一个明显的特点是其他材料所无法比拟的，即多色彩着色性能。塑料原料有透明的、半透明的、不透明的三种，而且各自具有固有的本色，固有的本色多少影响着色效果，但除本色深浓的苯酚树脂外，大多数塑料还是能着成所希望的颜色。透明的塑料比半透明、不透明的塑料着色性能好，着色范围广，如图 7-18 所示为经过着色的塑料制品。当然，这种成型时同时实现的着色，除提高塑料产品的外观外，还具有如下几种效果：不会如涂饰那样可能发生表面颜色剥离；具有遮断紫外线的效果，可防止材料劣化；着成黑色的产品具有防止静电的效果；可以利用颜色产生温度差（太阳光下）等。

但是也有在太阳光下褪色较快的问题，如白色易变成黄色的弱点，有时也存在由于着色材料不同而引起材料收缩变形等状况。使用高价着色材料比涂饰成本高，这种情况也应注意。

（2）特种着色

① 木纹。如照明器材的框架、扬声器的格栅及家具、桌上用品等各种需木纹装饰的产品，可以采用将发泡聚苯乙烯或 ABS 树脂着成木材颜色，通过注射发泡成型得到木纹。用这种工艺生产的产品有与真木材产品几乎一样的感观。挤出成型取得木纹利用的工艺：将高浓度的着色母料断续加入整体颜色的树脂颗粒中，在挤出产品时产生木纹的效果。但这种效果会因产品的形状不同而有差异。

② 荧光着色。幼儿的玩具、儿童的文具（图 7-19）及二次加工用的丙烯树脂板经常采用荧光着色。荧光着色的色泽限于红、橙黄、黄、黄绿这几种，与其他颜色混合会损害光吸收性，所以不能混用。宜用荧光着色的树脂为丙烯树脂或聚苯乙烯这种透明树脂。当然 ABS 树脂也可进行荧光着色，但效果不如前者。荧光着色材料价格不贵，但耐热性、耐气候性差。

图 7-18　经过着色的塑料制品

图 7-19　荧光着色儿童玩具

③ 磷光着色。吊顶灯开关绳端部的系物、壁灯的开关、手电筒等产品常采用磷光着色，磷光着色材料采用可以储存光能、在黑暗处也能看见的无机颜料。

淡黄色、绿色、蓝色的磷光效果好，磷光着色材料不能与其他着色材料混用，否则会影响光吸收能力。

④ 珍珠着色。化妆品的容器、梳子、纽扣及浴室用具常进行珍珠着色。珍珠色是在透明的塑料中混入适量的珍珠颜料而得到的。对于半透明的、不透明的塑料无法取得良好的珍珠色效果。也有采用混合树脂来取得珍珠色的方法，如在折射率高的聚碳酸酯树脂中混入丙烯树脂或 ABS 树脂则可取得卓越的色彩效果。

⑤ 金属化着色。对于需要有金属质感的，如汽车零件、工具箱、兵器等塑料产品，需进行金属化着色。金属着色剂采用铝粉或铜粉做成，把金属粉末掺入透明的树脂中，则能取得反射性的金属化效果。金属粉末与透明着色剂配合使用，能产生新的效果，如铝粉与黄色着色剂配合用，产品能产生金属的光泽，与蓝色着色剂配合用能产生钢的光泽质感，对于挤出成型产品，可以在挤出时与铝箔复合挤出，或在产品表面压接不锈钢薄板以取得金属的色泽。

(3) 热转印

热转印是指将装饰胶膜或纸膜上的文字、图案等装饰元素，通过热和压力的共同作用，转印到塑料制件的表面上的一种装饰方法。如图 7-20 是热转印设备和产品，热转印纸是替代高档不干胶标签的一种理想的解决方案，转印加工通过热转印机一次加工（加热）将转印膜上精美的图案转印在产品表面，成型后油墨层与产品表面融为一体。另外还有热烫印的方法，其不同之处在于，文字和图案被刻制在烫印模具上，在热和压力的作用下，将烫印材料上的色箔转印到塑料制件表面之上。

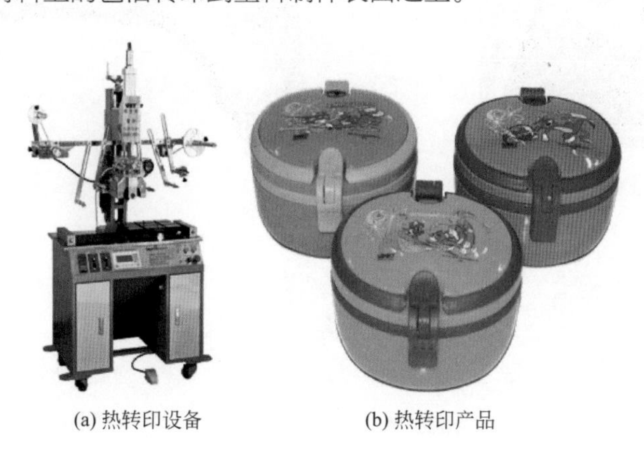

(a) 热转印设备　　(b) 热转印产品

图 7-20　热转印设备和产品

(4) 水转印

水转印是指利用水压将转印纸上的彩色纹样印刷在三维产品表面的一种方式。随着人们对产品包装与表面装饰要求的提高，水转印的用途越来越广泛。如图 7-21 所示为水转印技术操作方式。

（5）贴膜

将预先印有图案或花纹的塑料膜紧贴在模具上，在挤塑、吹塑或注射时，依靠熔融树脂的热量将塑料膜熔合在产品上，如圆珠笔、脸盆、浴盆等产品上的花卉或动物图案就是采用该方法获得的。

（6）涂饰

涂饰是塑料二次加工中应用最为普遍、用量最大的一种加工方式。塑料涂饰的目的有：掩盖其加工成型中的缺陷及划伤；防止塑料制品老化；改善外观装饰性；赋予优良质感及特殊性能以及降低成本（如色母粒着色加工成本太高、同一部件要求不同颜色等）等。同时对塑料制品进行表面涂饰，提高附加值。如图 7-22 所示的游戏手柄就在透明的塑料外壳侧进行了喷漆处理。

图 7-21　水转印技术操作方式

图 7-22　喷漆游戏手柄

（7）印刷

塑料表面也可通过印刷的方法进行装饰，常用的印刷方法有丝网印刷、移印、胶版印等。丝网印刷的基本原理是丝网印版的部分网孔能够透过油墨，漏印到承印物上，它的适应性很强，成本低且见效快，被称为万能印刷法。移印则是把所需印刷的图案先利用照相制版的方法，把钢版制成凹版经由特制硅胶印头转印到被印物上。移印能够在不规则异形对象表面上印刷文字、图形和图像，现在正成为一种重要的特种印刷。

7.2.2.4 塑料的其他表面装饰处理工艺

塑料产品除了以上表面装饰工艺以外，还有植绒、贴面装饰、模内复合、模内镶嵌、模内贴标等（图 7-23 ～图 7-25）。

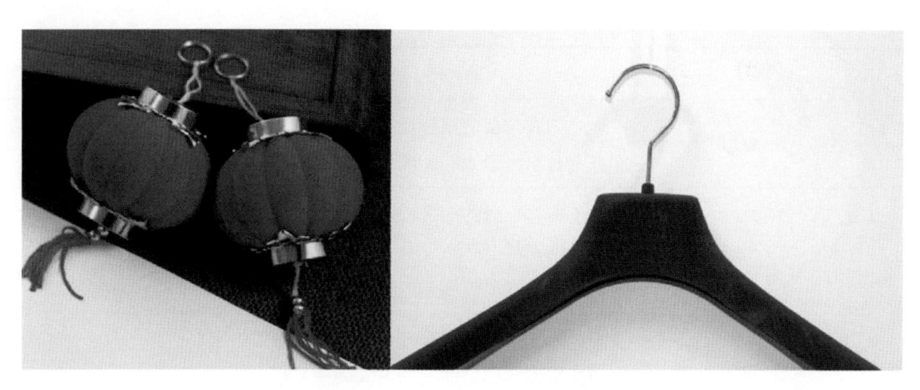

图 7-23 塑料产品表面植绒

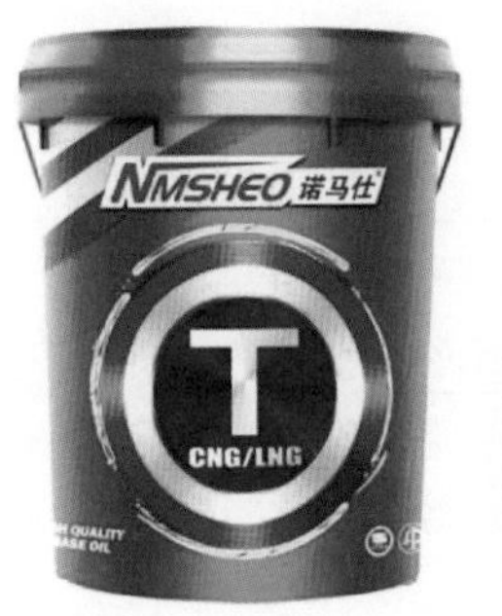

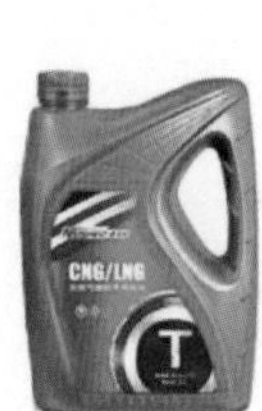

图 7-24 模内贴标

图 7-25 贴面装饰

7.2.3 木材产品表面装饰工艺

木材是传统的设计材料，自古以来就被用于制作家具、工具、生活器具乃至建筑、船艇等。它是一种天然的材料，天然的纹理和色泽具有很高的美学价值。木材制品加工完成后，不加任何装饰处理的木材表面，虽然自然、真实地反映木材的本来面目，但为了提高制品的表面质量和防腐能力，延长木制品的使用期限，增强制品的外观美感效果，一般需要进行表面装饰。木制品的表面装饰工艺主要有涂饰、覆贴、机械加工、化学镀等。

7.2.3.1 木制产品的表面涂饰

涂饰就是通过涂覆的方法，将涂料涂于木材表面，从而形成具有一定附着力和机械强度的被覆层。通过涂饰可以使涂料的潜在功能转变成为实际的功能，使工业产品能得到预期的保护和装饰效果，以及某些特殊的效能。木制品表面涂饰的目的主要是装饰作用和保护作用，见表 7-2。木制品的表面涂饰通常包括表面前处理、涂料涂饰、涂层干燥与漆膜修整等一系列工序。

表 7-2　木制品涂饰的作用

项目	作用	内容
装饰性	增加天然木质的美感	未经油漆涂覆的木材表面粗糙不平，涂饰后可使木器表面形成一层光滑并带有光泽的涂层，增加木纹的清晰度和色调的鲜明性
	掩盖缺陷	由于木材自身的缺陷和加工痕迹，常出现变色、节疤、虫眼、钉眼，胶合板中亦常有开裂、小缝隙、压痕、透胶和毛刺沟痕。通过涂饰能掩盖缺陷，使木材外观达到所需的装饰效果
	改变木质感	通过涂饰手段，将普通木材仿制成贵重的木材，提高木材的等级，也可根据需要，仿制成大理石、象牙、红木等质感，提高木器的外观效果
保护性	提高硬度	除少数木材，如红木、乌木等比较坚硬、耐磨外，一般木材的耐磨性较差，涂饰后会大大加强木材的表面硬度
	防水防潮	木材易受空气湿度影响而湿胀干缩，使制品开裂变形，经涂饰后的木制品防水防潮性能有很大的提高
	防霉防污	木材表面含有多种霉菌的养料，容易受霉菌侵蚀。涂饰后的制品一般防霉等级能达到二级左右，并能大大改善木材表面的抗污和抗蚀性能
	保色	木材有其自身的颜色，如桦木色泽浅黄；白橡木纹理优雅；核桃木为栗壳色。但时间一长，会失去原有色泽，变得暗淡无色。经涂饰的木材制品能长久地保持木材本色

（1）涂饰前的表面处理

由于木材表面不可避免地存在各种缺陷，如表面的干燥度、纹孔、毛刺、虫眼、节疤、色斑、松蜡及其分泌物松节油等，若不预先进行表面处理，将会严重影响涂饰质量，降低装饰效果。因此，必须针对不同的缺陷采取不同方法进行涂饰前的表面处理。

① 干燥：木材具有多孔性，有干缩湿胀的特点，易造成涂层起泡、开裂和回黏等现象，因此新木材需要干燥到含水率在 8% ~ 12% 时才能进行涂饰。木材的干燥方法有自然晾干和低温烘干两种。

② 去毛刺：木制品表面虽经刨光或磨光，但总有些没有完全脱离的木制纤维残留表面，影响表面着色的均匀性，因此涂层被覆前一定要去除毛刺。去除毛刺的方法有：水胀法、虫胶法和火燎法。

③ 脱色：不少木材含有天然色素，有时需要保留，可起到天然装饰作用。但有时需涂成浅淡的颜色，或者涂成与原来材料颜色无关的任意色彩时，就需要对木制品表面进行脱色处理。脱色的方法很多。用漂白剂对木材漂白较为经济并见效快。一般情况下，常在颜色较深的局部表面进行漂白处理，使涂层被覆前木材表面颜色取得一致。常用的漂白剂有：双氧水、次氯酸钠和过氧化钠等。

④ 消除木材内含杂物：大多数针叶树木材中含有松脂。松脂及其他木材分泌物松节油会影响涂层的附着力和颜色的均匀性。在气温较高的情况下，松脂会从木材中溢出，造成涂层发黏。木材内含的单宁与着色的染料反应，使涂层颜色深浅不一。因此在木材涂覆的前处理中，应将木材内含的杂物除去。

（2）底层涂饰

底层涂饰的目的是改善木制品表面的平整度，提高透明涂饰及模拟木纹和色彩的显示程度，获得纹理优美、颜色均匀的木质表面。底层涂饰是多道工序的总称，包括刮腻子、刷水色、刷透明漆等。底层涂饰的工序及作用见表 7-3。

表 7-3　底层涂饰的工序及作用

工序	作用	应用范围
渗水老粉	对木材管孔有一定的填补作用，能对管孔着色并显示木纹	常用于水曲柳、柳桉等粗管孔木材的透明涂饰
刮腻子	对木材表面的缺陷及管孔有填平作用，有一定的着色作用	适用于洞、孔的填补
刷颜色透明漆	着色作用，封闭底层，防止面涂层渗入	对中间层着色封角
刷水色	着色作用	对底层着色
虫胶拼色	对底色不匀处进行修补	用于基本完成的底层上

（3）面层涂饰

① 底层完成后便可进行面层涂饰。按照基材纹理显示程度不同，涂饰可分为透明涂饰、半透明涂饰和不透明涂饰三类。透明涂饰用透明涂料（如各种清漆）涂饰木材表面，主要用于木纹漂亮、底材平整的木制品。采用透明装饰，不仅可保留木材的天然纹理和颜色，而且可通过某些特定的工序使其纹理更加明显、木质感更强、颜色更加鲜明悦目（图 7-26）。透明装饰工艺过程大体上可分为三个阶段，即木材表面处理（表面准备）、涂饰涂料（包括涂层干燥）和漆膜修整。表面准备包括表面清洁、去树脂、脱色、填腻

子和嵌补几个工序。涂饰涂料包括填孔、染色、涂底漆和涂面漆；漆膜修整包括磨光和抛光。木本色透明涂饰是一种追求自然美的表现，是现代产品设计中强调的材质真实性原则。

而不透明和半透明涂饰多用于减轻或掩饰原材料的缺陷，工艺较简单，要求低。不透明装饰是用含有颜料的不透明涂料，如磁漆、调和漆等涂饰木材表面。装饰后，涂层完全遮盖了木材的纹理和颜色，它多用于纹理和颜色较差的木制品（图 7-27）。不透明、半透明装饰工艺大体上也可划分为三个阶段，即表面处理阶段，包括表面清洁、去树脂两个工序；涂饰涂料阶段，包括涂底漆、上腻子、磨光、涂色漆四个工序；漆膜装饰阶段，即对制品进行抛光或罩光。部分不透明涂饰用的面漆和部分透明涂饰用的面漆见表 7-4 和表 7-5。

图 7-26　木材透明涂饰

图 7-27　木材不透明涂饰

表 7-4　部分不透明涂饰用的面漆

涂料名称	主要成分	特性	用途
酯胶磁漆	短油度漆料、顺丁烯二酸酐树脂	干燥较快，漆膜光亮，颜色比较鲜艳；但质脆，耐候性差	室内木制品涂饰用
	中油度醇酸树脂	漆膜平整光滑、坚韧、机械强度好，光泽度好，保光保色、耐候性均优于各色酚醛磁漆。在常温下干燥快，耐水性次于酚醛清漆	可用于普通级木制品涂饰
硝基底漆	低黏度硝化棉、顺丁烯二酸酐树脂	打磨性良好，附着力强	用于木制品涂硝基漆前打底
酚醛磁漆	长油度松香改性酚醛树脂漆料	常温干燥，附着力好、光泽高、色泽鲜艳，但耐候性比醇酸磁漆差	用于普通级木制品涂饰

表 7-5 部分透明涂饰用的面漆

涂料名称	主要成分	特性	用途
凡力水	干性油	漆膜光亮、耐水性较好、有一定的耐候性	室内外普通级木制品的涂饰
虫胶清漆又名泡力水	虫胶、酒精	快干、装饰性、附着力较好；但耐热性、耐水性差	广泛用于木制品着色、打底，也用于表面上光
油性大漆	生漆	漆膜耐水、耐温、耐光性能好，干燥时间在 6h 以内	用于红木器具等涂饰
聚合大漆	生漆氧化聚合物	干燥迅速，遮盖力、附着力好，漆膜坚硬、耐磨、光亮	木制品、化学实验台等涂饰用
醇酸清漆（又名三宝清漆）	干性油改性的中油度醇酸树脂	漆膜有良好的附着力、韧性及保光性。耐水性略次于酚醛清漆，能自然干燥	用于室内普通级木制品涂饰及醇酸磁漆罩光
硝基木器清漆（又名蜡克）	硝化棉、醇酸树脂、改性松香	漆膜平整光亮，坚韧耐磨，干燥迅速，但耐候性较差	用于高级家具、电视机等涂饰或调腻子
酸固化氨基醇酸木器清漆	氨基树脂、醇酸树脂	干燥较快，漆膜坚硬，耐热、耐水、耐酸碱性均好。平滑丰满、光泽好。固体分含量高（可达 55% ~ 60%）	用于普通、中级木制品的涂饰
聚氨酸清漆	异氰酸酯树脂，分两组分，使用时按规定比例混合调匀，属羟基固化型	漆膜坚硬、附着力强，光泽好，耐水耐油。可以自干或烘干	用于木制品透明涂饰
聚酯清漆	不饱和聚酯，分装成四个组分	色浅，透明漆膜丰满光亮、硬度高，物化性能良好，属无溶剂涂料，每次涂层厚度大	用于中、高级木制品
丙烯酸木器漆	甲基丙烯酸不饱和聚酯、甲基丙烯酸酯改性醇酸树脂	可常温固化，漆膜丰满，光泽高，经抛光打蜡后漆膜平滑如镜，经久不变，耐寒耐热，漆膜坚硬，附着力强。固体分含量高（40% ~ 45%），施工简便	用于中、高级木制品的涂饰

② 按照形成漆膜的光泽不同，涂饰可分为亮光涂饰和亚光涂饰，其效果主要来自不同的涂料。亮光涂饰要求基材必须平整光滑，漆膜达到一定厚度，有利于光线反射，往往能够使木制品显得雍容华贵。亚光装饰的漆膜较薄，自然真实、质朴秀丽而又安详宁静。

③ 常用于涂饰的涂料主要有油性漆、水性漆、硝基漆、聚氨酯漆、不饱和聚酯漆、光敏漆、亚光漆等。常用的涂饰方法有手工涂饰、空气喷涂、无气喷涂、静电喷涂、淋

涂、辊涂等。

（4）涂层常见缺陷及其消除方法

在木材的表面涂饰过程中，由于对某些因素考虑不当，常会导致涂层缺陷，影响涂饰质量，降低涂饰效果。

此外木材表面多含有油脂，往往降低了木材表面涂层的附着力，使着色不匀，所以涂饰前必须除去油脂。去油脂的常用方法如下：①让木材经高温干燥；②选用 5% ~ 6% 的碳酸钠（Na_2CO_3）或 4% ~ 5% 的氢氧化钠（NaOH）水溶液擦洗（处理后用清水洗净，但木色变深）；③采用有机溶剂（如丙酮、苯等）可将油脂溶解；④木材表面油漆前涂刷虫胶漆或聚氨酯封闭漆可将油脂与涂层隔离，保证涂层的装饰质量和效果。

7.2.3.2　木制产品的表面覆贴

覆贴是将面饰材料通过胶黏剂粘贴在木制品表面的一种装饰方法，可用于木材及其制品，以用于人造板材表面装饰最为常见。表面覆贴的方法和材料很多，最常用的有单板贴面、纸张贴面和胶膜纸贴面。木材覆贴如图 7-28 所示。

图 7-28　木材覆贴

（1）单板（或微薄木）贴面

单板贴面或是微薄木贴面是将优质木材（如红木、柚木、桃花心木等）经过旋切、刨切或裂切等方法制成厚度一般为 0.25 ~ 0.5mm 的单板，经过干燥、拼接、拼花后再用胶黏剂将其贴在板材上。单板贴面质量好、效果优，可以增加板材强度，但生产机械化程度较低，成本高。

（2）纸张贴面

纸张贴面就是通过轮压将装饰纸或预制的贴面纸卷粘贴在板材上，其工艺可分为干法和湿法两种。干法即压贴面采用表面涂漆已干燥且预先浸胶的贴面纸卷，因此在基材表面上不需施胶，工序比较简单。湿法即压贴面直接采用木纹纸，在基材上要经过辊筒涂胶预干，再将纸贴合于基材上，最后进行表面涂漆。此法操作简单，成本低。纸张贴面对强度没有改进，但能使人造板材增加刚性和尺寸稳定性。贴面材料除装饰纸以外，还可用塑料薄膜、纤维织物等。

（3）胶膜纸贴面

胶膜纸（包括装饰板）贴面用作人造板贴面的低压胶膜纸有聚酯树脂、三聚氰胺树脂、鸟粪胺树脂以及邻苯二甲酸二丙烯酯树脂浸渍的装饰花纹纸等；按用途不同有时配以覆盖纸或芯层纸，以热压法粘贴于人造板材表面，加压的方法有平压法和立压法。高压三聚氰胺装饰板贴面（图7-29），是世界上大量应用的一种人造板材表面装饰方法，它的特点是表面硬度高、耐磨、耐热、耐化学药剂、光稳定性好。

图7-29　三聚氰胺装饰板贴面

7.2.3.3　木制产品的表面机械加工

在这里对木制产品表面进行机械加工就是用切削工具或模具对木制产品表面进行装饰性加工，可以说是传统手工雕花方法的机械化。常用的方法有钻孔、刨槽、铣沟、压纹等。一定距离的平行沟槽，多用于建筑物、船舶、车辆等的表面装饰，起增加表面阴影及隐蔽拼接缝的作用。木材表面钻孔有盲孔、半盲孔、穿孔等形式，可按各种图案花纹排列，以增加美观度；如其孔距按声学驻波原理排列，可以增强吸声效果。

此外，还可用铣削或模压方法制成具有立体效果的浮雕图案等。模压可使木材表面形成立体感，采用与贴面花纹相协调的且具有凸凹层次的模板压制而成，也可在贴面材料上加压沟痕或浮雕图案，以更好地反映木纹的立体感及装饰表面的美感。模压可以在预制贴面材料时进行，也可在贴面材料黏合在基材上以后进行，或者在人造板热压过程中加铺覆面材料一次模压完成。但要注意的是，无论用何种机械加工方法，在给木制产品表面带来美观的同时也会造成某些表面质量下降的情况发生，需要通过其他手段进行再修饰与加工。

7.2.3.4 木制产品的表面化学镀

化学镀是指在没有外加电流的条件下，利用处于同一溶液中的金属盐和还原剂可在具有催化活性的木材基体表面上进行自催化氧化还原反应的原理，在基体表面形成金属或合金镀层的一种表面处理方法。

在木材表面进行化学镀的原理与其他非金属表面的处理原理一致，需预先在木材表面吸附一层催化剂，然后浸入镀液，通过金属离子的还原，使木材表面吸附金属镀层。由于木材的特殊性，不同树种的木材含有不同的抽提物，如挥发油、天然树脂、油脂与脂肪酸等，均会影响木材的化学镀效果；此外，木材的构造也会对镀膜产生影响。所以对于木材表面进行化学镀与其他材料的化学镀又有所不同，这些因素在木材化学镀，特别是预处理阶段必须考虑。木材化学镀主要是镀铜或金，它不仅能够使木材具备电磁屏蔽性能，而且由于铜和金的镀膜色泽，还能够显示木制品华丽的装饰性，增加木制品的附加值。

/ 7.3 / 设计中产品表面装饰工艺实例分析

设计师在对产品进行设计时，需要对其所用材料及加工工艺进行全面的了解，并与工程师们一起进行系统的分析，才能使其设计理念通过材质和形态得以表达。这里就必须提到 CMF 这个名词，CMF（Color Material Finish）是指产品的颜色及材料表面处理，设计师在充分了解和分析色彩、材料、工艺等方面因素后，结合设计方案，形成 CMF 标识图或材料工艺图，方能进入下一步的生产环节。下面依据设计案例进行说明。

（1）SIGG 功能水瓶

SIGG 水瓶由瑞士希格公司（SIGG Company）生产（图 7-30）。简单的工艺，不简单的产品。以高品质享誉世界的瑞士 SIGG（希格）水瓶历经数十年的改进，从边角料走向了时尚。结实耐用的 SIGG 铝质饮料瓶产品已经成为不着设计痕迹的典范作品。

针对铝这种有延展性的金属，设计师采用了冲压这个冷加工工艺。铝瓶是由一块铝片冲压而成，因此它的整个造型只有一个冲压工艺，瓶体的稳定性非常好，同时铝这种材料也使之具有超轻的重量，便于携带。瓶的内壁喷涂一层抗氧化涂层，既保证饮料存储的安全，又防止饮料中的酸对瓶身的腐蚀，如图 7-31 所示为 SIGG 水瓶制作工艺。为了让瓶体外观漂亮而充满特色，对瓶身进行了独具个性的磨砂效果涂层，并采用丝网印刷工艺将来自全世界优秀平面设计师的图案印刷到瓶体上，使得这个功能瓶更加精制，具有较高档次，如图 7-32 所示。

图 7-30　SIGG 水瓶

图 7-31　SIGG 水瓶制作工艺

图 7-32　SIGG 水瓶表面装饰

（2）法拉利跑车

法拉利烤漆厂喷涂工艺的先进性在业界是数一数二的，并且它的环保性很高。因为它使用以水作为稀释剂、不含有机溶剂的水性涂料，这种涂料不含苯、甲苯、二甲苯、甲醛、有毒金属等，无毒、无刺激气味，对人体无害，不污染环境，更重要的是多余的涂料几乎都可以收集后再利用。在烤漆之前，车身都要经过防腐处理。车身喷漆空间严格封闭，以预防气流，避免车漆微小分子流动，以致可能导致喷漆不匀称。往车身上喷涂第一层称为底漆，这种特殊混合物有助于真正的车漆附着在车身上。底漆是一层微尘，颗粒细如痱子粉，底漆之所以附着在车体上，是因为车体先前覆盖的电荷，而这种电荷可以将底漆微尘吸附在车身上。然后，车身上才会被喷上一层层液态油漆。在离开烤漆厂之前，每部车都要经过严格的品质检测，烤漆表面任何缺陷都需经过抛光再重新检测。车漆厚度通过超声波测量，误差不得超过 0.001mm，否则表面颜色就不均匀。如果缺陷无法以抛光消除，车体便送回去重新烤漆。

（3）北京奥运会火炬

北京奥运火炬设计成功的关键因素之一是该设计中心构建了一个多专业协同创新平台，设计团队由跨越工业设计、平面设计、材料工程、机械工程、人类学和社会学等十大学科专业人员组成，并历时一年多合作完成。从奥运火炬设计和制造可以看出，设计人员不仅要美学、工业造型功底深厚，而且对材料和制造工艺也要有足够的了解。

火炬使用条件特殊，因此对火炬的制造材料和表面装饰工艺有着严格的要求。火炬外壳材料要求：重量轻、有一定强度、成形工艺性好、材料质感好、耐蚀和有一定的耐高低温性能（燃烧的火焰的高温和珠穆朗玛峰地区－40℃的低温）。塑料和不锈钢不能同时满足上述要求，最终选用高质量的铝合金，满足重量、强度、防锈、耐一定的高低温、成形工艺性好的要求；下部把手为了防滑和美观，同时手握上去不会有冰冷感，而是传递给人一种温暖亲切的感觉，考虑涂皮革漆，最终选用一种特殊的金属表面高触感橡胶漆；“漆红”具有饱和色彩度，色调沉稳而又明快。由于特制的橡胶漆在刚喷上和干了之后的颜色会有差别，为了调制出这种特别的红色，前后总共进行了 3 轮调色，用了 18 块色板。云纹的红颜色则考虑在表面处理时解决；燃料罐选用耐压和塑性好的铝合金材料，可承受 14MPa 压强。燃料为环保性好的丙烷，燃烧后生成二氧化碳和水，火炬外形制作材料属于可回收材料；表面装饰立体云纹采用了蚀刻方法，防腐和染色采用双色阳极氧化着色工艺，使防腐、着色和增加表面硬度结合在一起。下半段把手上的橡胶漆，采用了喷涂工艺涂覆。

（4）iPhone12 手机

PVD 是一种真空物理气象沉积技术，一直是高端手机外壳上所采用的色彩附着工艺，一般是采用磁控溅射镀膜，轰击靶材、控制膜厚、叠加重合等，形成不同颜色效果的涂层，能极大地增强产品的外观金属质感。

iPhone12 系列后盖的色彩工艺采用 PVD 镀膜，或是先用油墨做成相应的颜色，然后进行喷墨。但无论是哪种，高端精致效果的呈现都离不开 PVD。不锈钢中框则是湿抛 +PVD 方案。高光镜面的效果再加上超高精度 PVD 镀膜所产生的效果，让产品的档次极大地提升。

（5）魔浪颈挂式耳机

近几年来颈挂式蓝牙耳机作为兼具实用性功能和娱乐性功能的日常电子设备逐渐进入大众视野，随着市场竞争力日渐激烈，诸多公司在设计开发耳机功能的同时也开始注重耳机的材料与表面装饰工艺运用。

由魔浪开发的此款 MP3 型号颈挂式耳机（图 7-33 和图 7-34），机身部分主要塑胶材料可用 ABS，加工工艺为注塑，表面处理细火花纹＋移印 logo（商标）；金属软管固定件需一定的机械强度，可采用铝合金材质，CNC 车床加工，表面处理为研磨＋阳极氧化。耳机部分的耳塞及电线固定件采用硅胶材质，压铸工艺，硬度为 30 ~ 40HRC（HRC 为洛氏硬度）；耳机前壳的材料为 ABS，采用注塑工艺，经细火花纹及抛光处理；耳机后壳的材料为磁性铝合金，采用车床＋钻床，研磨＋氧化处理。连接部分电线为漆包线；颈挂件为金属软管；接头件采用 PC 料，注塑工艺，不做表面处理；软胶套管材质为硅胶或 TPE，采用挤出工艺。

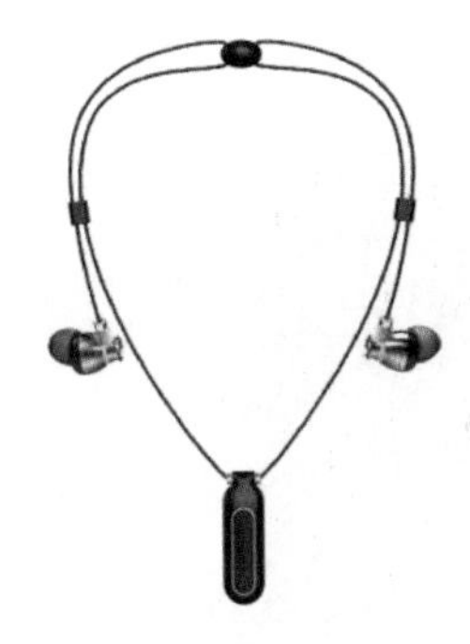

图 7-33　魔浪颈挂式耳机

图 7-34　魔浪颈挂式耳机细节

（6）Ledge 壁柜

加拿大设计师 Simon Johns 的独立工作室推出了一款单品——Ledge 壁柜（图 7-35），并在 2019 年纽约设计周的 Wanted Design 上进行展出。该作品旨在于发挥材料的模仿能力，唤起人们对自然的情感，同时引导人们去思考自己与环境之间的联系。

图 7-35　Ledge 壁柜

Ledge 壁柜的柜面看似是以某种石材为原材料，但实际上是采用白蜡木制成，打造了以假乱真的视觉效果，如图 7-36 所示是 Ledge 仿石材柜面。白蜡木是生长在北美洲的重要树种，常用于高档家具的制作。它的纹理粗犷而均匀，质地坚韧且富有弹性，具有良好的耐用性能和加工性能。经过染色及抛光处理后能获得光滑的手感和清晰的纹理。而壁柜的台面则由不透明的玻璃制成。玻璃光亮的镜面效果和白蜡木亚光的漆面质感能够形成鲜明对比，使得壁柜显得更加精致、奢华。

依托于白蜡木易于加工的优良特性，Ledge 壁柜柜面上的岩层形态是由工匠手工雕成的。工匠先使用槽刨在柜面上制作出岩层错落有致的层次，然后使用多种凿子对岩层的肌理进行细致的雕琢。由于柜面是纯手工雕刻的，没有两扇柜面是完全相同的，这使得每一件壁柜都是独一无二的。

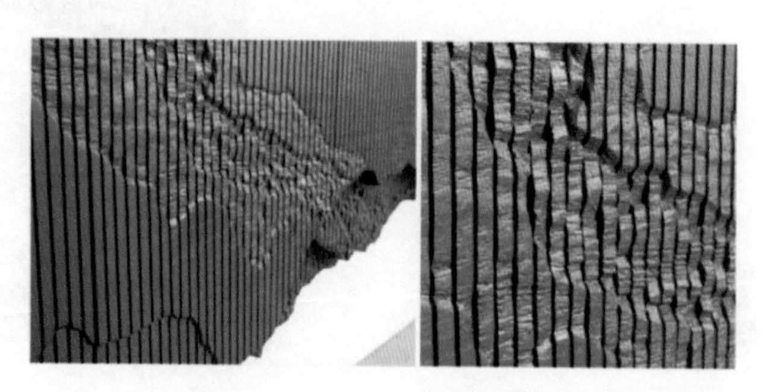

图 7-36　Ledge 仿石材柜面

/ 思考与习题

1. 举例说明产品材料表面装饰的目的是什么？
2. 举例说明产品表面装饰的工艺有哪些？

参考文献

[1] 杨明山.塑料成型加工工艺与设备.北京：印刷工业出版社，2010.

[2] 邱潇潇，许熠莹，延鑫.工业设计材料加工工艺.北京：高等教育出版社，2009.

[3] 邹玉清，周鼎，李亦文.产品设计材料与工艺.南京：江苏凤凰美术出版社，2018.

[4] 李红梅.机械加工工艺与技术研究.昆明：云南大学出版社，2019.

[5] 迈克·阿什比，卡拉·约翰逊.材料与设计：材料选择在产品设计中的艺术与科学.第2版.曹岩，师新民，高宝常，译.北京：化学工业出版社，2012.

[6] 阿格尼丝·赞伯尼.材料与设计.王小茉，马骞，译.北京：中国轻工业出版社，2016.

[7] 张锡.设计材料与加工工艺.北京：化学工业出版社，2010.

[8] 殷晓晨，张良，韦艳丽.产品设计材料与工艺.合肥：合肥工业大学出版社，2009.

[9] 杜淑幸，张阿维，张春强，等.产品造型设计材料与工艺.西安：西安电子科技大学出版社，2016.

[10] 郑建启，刘杰成.设计材料工艺学.北京：高等教育出版社，2007.

[11] 陈思宇，王军.产品材料与工艺.北京：中国水利水电出版社，2013.

[12] 刘振生.产品设计材料与工艺.北京：中国水利水电出版社，2013.

[13] 张宇红，史习平.工业设计——材料与加工工艺.北京：中国电力出版社，2012.

[14] 江湘芸，刘建华.设计材料与工艺.北京：机械工业出版社，2008.

[15] 江湘芸.设计材料及加工工艺（修订版）.北京：北京理工大学出版社，2010.